大学物理实验教程

主编 叶静芳　肖瑞华　陈　雅　陈晓霞

苏州大学出版社

图书在版编目(CIP)数据

大学物理实验教程 / 叶静芳等主编. -- 苏州：苏
州大学出版社,2022.12
ISBN 978-7-5672-4188-6

Ⅰ.①大… Ⅱ.①叶… Ⅲ.①物理学 － 实验 － 高等学
校 － 教材 Ⅳ.①O4-33

中国版本图书馆 CIP 数据核字(2022)第 244424 号

书　　名：大学物理实验教程
主　　编：叶静芳　肖瑞华　陈　雅　陈晓霞
责任编辑：周建兰
装帧设计：吴　钰
出版发行：苏州大学出版社（Soochow University Press）
社　　址：苏州市十梓街 1 号　邮编：215006
印　　刷：苏州市深广印刷有限公司
邮购热线：0512-67480030
销售热线：0512-67481020
开　　本：787 mm×1 092 mm　1/16　印张：17.25　字数：410 千
版　　次：2022 年 12 月第 1 版
印　　次：2022 年 12 月第 1 次印刷
书　　号：ISBN 978-7-5672-4188-6
定　　价：52.00 元

图书若有印装错误,本社负责调换
苏州大学出版社营销部　电话：0512-67481020
苏州大学出版社网址　http://www.sudapress.com
苏州大学出版社邮箱　sdcbs@suda.edu.cn

前 言
Preface

　　物理学是研究物质的基本结构和运动规律的一门科学,在理工科学生的科学素质培养中具有重要的地位.实验是物理学的基础,也是探索物理规律的途径.物理实验课程为培养优秀人才做出了重要的贡献.

　　本教材精心遴选了目前大多数高校广泛用于教学的二十余组实验项目,是以苏州大学应用技术学院物理教研室物理实验自编讲义为基础,结合多年的教学、教研、教改经验,并在参考、借鉴许多其他高校大学物理实验教材的基础上编写而成的.

　　本教材是一本适用于理工科本科生的大学物理实验教材.全书共分为六章:

　　"第1章　绪论"阐述了物理实验课的目的和任务,以及物理实验课的基本要求.

　　"第2章　实验室安全知识"重点阐述了实验室安全知识,包括实验室安全守则、安全标志、电气安全防护、火灾防护等.

　　"第3章　物理实验的基本知识"主要阐述大学物理实验中的误差分析、不确定度理论、有效数字的运算规则与数据处理的基本方法等.

　　"第4章　常用仪器"分别介绍了力学、热学、光学、电磁学实验基本仪器.

　　"第5章　力学和热学实验"共包含力学实验7个、热学实验2个.

　　"第6章　光学和电磁学实验"共包含光学实验8个、电磁学实验4个.

　　本教材具有以下特点:

　　(1) 增加了实验室安全知识,这在此前已出版的物理实验教材中是较少提及的.

　　(2) 对实验操作部分进行了详细的讲解,加入了大量的实物图片,图文并茂、可读性较强.

　　本教材在编写和出版过程中得到了苏州大学应用技术学院各部门领导的大力支持.特别感谢李东亚副教授将经多年物理实验教学总结整理出的自编讲义等材料无偿提供给了物理教研室.这是我们编写本教材最初的素材来源.本教材得以出版,要感谢苏州大学出版社的领导和同人的大力支持.同时,本书的编写参阅了许多兄弟院校的大学物理实验教材.我们在此一并致谢!

　　叶静芳、肖瑞华、陈雅、陈晓霞为本书主编.其中,叶静芳负责第 1 章,第 3 章中的 3.1、3.2、3.3、3.4,第 5 章中的实验 5.2、5.3、5.4,以及第 6 章中的实验 6.2、6.3、6.4、6.7、6.8 的编写工作.肖瑞华负责第 3 章中的 3.5、3.6、3.7、3.8,第 5 章中的实验 5.1、5.5、5.7、5.9,以及第 6 章中的实验 6.9 的编写工作.陈雅负责第 2 章,第 5 章中的实验 5.6、5.8,以及第 6 章中的实验 6.6、6.12 的编写工作.陈晓霞负责第 4 章,以及第 6 章中的实验 6.1、6.5、6.10、6.11 的编写工作.

　　限于我们的水平,加上时间仓促,教材中难免存在疏漏之处,欢迎广大读者批评指正.

编　者

目　录
Contents

第1章	绪论	/001
▶1.1	物理实验课的目的和任务	/001
▶1.2	物理实验课的基本要求	/001

第2章	实验室安全知识	/003
▶2.1	物理实验室安全守则	/003
▶2.2	实验室安全标志	/005
▶2.3	实验室电气安全防护	/006
▶2.4	实验室火灾防护	/009
▶2.5	实验室安全管理	/013

第3章	物理实验的基本知识	/016
▶3.1	测量	/016
▶3.2	测量误差(误差)	/017
▶3.3	测量不确定度	/022
▶3.4	有效数字及其运算规则	/028
▶3.5	实验数据的分析和处理	/031
▶3.6	数据处理的基本方法	/032
▶3.7	物理实验的基本测量设计方法	/037
▶3.8	实验基本操作规程	/039

第4章	常用仪器	/042
▶4.1	力学和热学实验基本仪器	/042
▶4.2	光学实验基本仪器	/056
▶4.3	电磁学实验基本仪器	/063

第 5 章　　力学和热学实验 /075

▶实验 5.1　长度的测量和固体密度的测定 /075
▶实验 5.2　用气垫导轨验证牛顿第二定律 /081
▶实验 5.3　用气垫导轨验证动量守恒定律 /089
▶实验 5.4　用倾斜气垫导轨测重力加速度 /097
▶实验 5.5　弦振动的研究 /103
▶实验 5.6　耦合摆的研究 /111
▶实验 5.7　金属丝杨氏模量的测定(拉伸法) /121
▶实验 5.8　液体表面张力系数的测量 /129
▶实验 5.9　金属比热容的测量 /137

第 6 章　　光学和电磁学实验 /145

▶实验 6.1　薄透镜焦距的测定 /145
▶实验 6.2　牛顿环干涉测量透镜的曲率半径 /155
▶实验 6.3　劈尖干涉测量薄片的厚度 /167
▶实验 6.4　迈克耳孙干涉仪的调节和使用 /175
▶实验 6.5　单缝衍射 /185
▶实验 6.6　偏振现象的研究 /193
▶实验 6.7　分光计的调节及三棱镜顶角的测定 /201
▶实验 6.8　透射光栅测量光波波长 /215
▶实验 6.9　电位差计及应用 /223
▶实验 6.10　RLC 串联谐振电路的参数测量 /233
▶实验 6.11　电子元件伏安特性的测量 /245
▶实验 6.12　霍尔效应测量磁感应强度 /255

附录 /267

▶附表 A　国际单位制的基本单位与辅助单位 /267
▶附表 B　常用物理量常数 /267

第 1 章

绪　论

1.1　物理实验课的目的和任务

物理学是一门实验科学.在物理学的发展过程中,实验是决定性的因素.无论物理概念的建立、物理规律的发现还是物理理论的形成,都必须以物理实验为基础,并通过物理实验的检验.离开了实验,物理理论就会成为"无源之水,无本之木",不可能得到发展.

物理实验是理工科学生进入大学后接受系统的实验思想和实验技能训练的开端,它的课程覆盖面广,涵盖了力学、热学、电磁学及光学等多个学科方向.同时,物理实验课程具有丰富的实验思想、方法和手段,能提供综合性很强的基本实验技能训练,是培养学生科学实验能力和科学素质的重要基础.

物理实验课程的具体任务如下:

一、学习实验知识

1.掌握物理实验的基本知识、基本方法和基本技能.

2.学习用实验方法研究物理规律,加深对物理规律的理解和掌握,并在实验中提高发现问题、分析问题和解决问题的能力.

3.通过对实验现象的观察、分析和对物理量的测量,学习物理实验知识和设计思想,掌握和理解物理理论.

二、培养实验能力

1.能借助教材或仪器说明书,正确使用常用仪器.

2.能正确记录和处理实验数据,绘制实验曲线,说明实验结果,撰写合格的实验报告.

3.能根据实验目的和仪器设计出合理的实验.

三、提高实验素养

1.培养理论联系实际和实事求是的科学作风.

2.培养严肃认真的工作态度、主动探究和创新的精神.

3.培养遵守纪律、团结协作和爱护公共财产的优良品德.

1.2　物理实验课的基本要求

1.2.1　课前预习

1.充分预习实验内容,准备预习报告,并写在实验预习报告纸上.预习报告包含实验名称、实验目的、实验原理、实验步骤、实验装置图、实验注意事项等,并要注意保持完整、整洁.

2. 仔细阅读实验涉及的有关理论知识和实验知识,列出疑问.

3. 逐步做到根据预习报告,可以独立完成整个实验操作,而不再依赖教材.

1.2.2 实验操作

1. 按课表规定或预约时间进行实验,不得无故缺席或迟到、早退.

2. 严格遵守实验操作规程和注意事项,以科学的态度独立完成实验.

3. 上实验课应携带文具、计算器、草稿纸、作图纸等必要的实验用具,在实验过程中保持良好的实验环境,不大声讲话,注意环境卫生,爱护仪器设备,注意实验安全,不得擅自搬动、拆卸仪器.如有违规操作造成人为损坏的,照价赔偿.

1.2.3 撰写报告

撰写实验报告是为了培养学生以书面形式总结工作或报告科研成果的能力.一份完整的实验报告一般包括以下内容:

1. 实验名称和日期.

2. 实验目的.

3. 实验仪器(标明规格、型号等).

4. 实验原理.

5. 主要实验步骤(应着重写出实验中关键的调整方法和测量技巧).

6. 数据表格、实验曲线.

7. 数据处理及结果分析(要求写出数据处理的主要过程,进行误差分析和不确定度评定,并给出最后结果).

8. 问题讨论(包括对实验现象和实验中存在的问题的分析、改进实验的建议、对思考题的回答等).

一份好的实验报告应实验目的明确、实验原理清楚、实验数据准确、实验图表合理、实验结果正确,并能对实验结果做透彻的分析、讨论,且字迹要清楚等,即具备科学性、完整性和可读性.

第 2 章

实验室安全知识

实验室安全包括排除安全隐患、预防事故发生、保障人身与财物安全、保证教学与科研的连续性、减少安全事故造成的经济损失.安全问题无小事,所有实验室人员应做到防微杜渐.

实验室存在的安全隐患包括电气设备用电安全、激光的防护、易破碎的玻璃仪器的存放,以及易燃、易爆、有毒性(腐蚀性)的化学药品的使用等.实验室要防止发生诸如触电、激光伤害、着火、爆炸、中毒、灼伤等危险的事故.因此,熟悉如何防止事故的发生及妥善处理已发生的事故,是每一位实验者必备的基本素质.

以下主要针对大学物理实验的特点,简要介绍一些相关的安全知识.

作为一位实验工作者或参与者,除了积极参与实验操作、增强实验技能外,还要熟悉有关实验室的安全防护知识.

(1)进入实验室时,要注意观察和识别有关安全提示标志,如激光、高压、防静电、防灼伤、防毒等.在实验过程中,注意把前后门打开,防止堵塞.一旦发生事故,能及时有效地疏散.

(2)尽管实验室使用的激光器输出功率不太大,但是激光仍能对肉眼造成严重的伤害,请小心操作,切勿投射(直射、反射或折射)到其他人的眼睛里或直接观看.实验时应进行有效的遮挡,以免出现意外.凡是涉及较强光能的实验,无论是坐下还是弯腰等,都要小心行事,危险也可能来自其他组的实验.在实验过程中,应相互督促,若有必要,应按有关要求佩戴激光防护镜.

(3)保持实验台整洁和环境安静.不要在实验台上放置与实验无关的物品,如书包、手机、水杯等;不要在实验室内喧哗;最好关闭移动通信设备电源.

(4)人体电阻通常为 $1\sim100$ kΩ,在出汗或潮湿环境中,电阻会降低.因此,规定在一般工作环境中,安全电压为 36 V;在恶劣环境中,安全电压应低于 36 V.不要用潮湿的手接触电器.

(5)在实验室内,无论发生任何事故,都要做到不惊慌,冷静判断,及时采取有效措施.平时可阅读相关急救知识.有条件时,可参加专业机构举办的培训.

2.1　物理实验室安全守则

学生在实验室必须尊重科学,遵守纪律,自觉执行实验室的规章制度,注意安全,确保设备正常工作.

1. 进入物理实验室之前,必须仔细阅读物理实验室规则及物理实验操作规程(图 2.1-1),了解物理实验室的注意事项、有关规定,学习事故处理办法和急救常识.

图 2.1-1　物理实验室规则及物理实验操作规程

2. 要保持实验室的安静、整齐、清洁.不得穿背心、拖鞋等进入实验室.严禁在实验室抽烟、吃零食,也不能在实验期间谈论与实验无关的话题,或玩笑打闹(图 2.1-2).

3. 进入实验室后,先检查所分配的仪器、工具等是否齐全,若发现有实验器材缺少或损坏,要及时报告实验指导教师.不同种类的实验,有不同的操作要求与规范.学生进入实验室后,要严格遵守各个实验室的实验要求与实验操作规范,未经实验指导教师许可,不得擅自动用实验器材.

4. 实验时,要听从教师指导,注意安全,严格按规定的实验步骤和要求进行操作,遇到问题应及时请教.

5. 要坚持实事求是的科学态度,如实记录实验资料,不准抄袭.实验结果经教师认可后,学生方可终止实验,并及时写出实验报告.

6. 实验完毕,必须将使用过的仪器、工具、材料等恢复原位,打扫实验室卫生,关好电源、水龙头和门窗,经教师检查并允许后,方可离开实验室.

7. 禁止无关人员进入实验室(图 2.1-3).

图 2.1-2　实验室禁止标志

图 2.1-3　禁止入内标志

2.2　实验室安全标志

安全标志分为禁止标志、警告标志、提示标志三大类型.

一、禁止标志

禁止标志即禁止人们不安全行为的图形标志,如图 2.2-1 所示.

图 2.2-1　禁止标志

二、警告标志

警告标志是引起人们对周围环境的注意,以避免可能发生的危险的图形标志,如图 2.2-2所示.

图 2.2-2　警告标志

三、提示标志

提示标志即向人们提供某种信息(如标明安全设施或场所等)的图形标志,如图 2.2-3 所示.

图 2.2-3　提示标志

2.3　实验室电气安全防护

2.3.1　实验室常用电气设备使用注意事项

实验室会用到各种各样的电气设备.其中,有一些比较特殊的用电设备,比如氦氖激光器(图 2.3-1)、可调气源(图 2.3-2)、加热杯(图 2.3-3)等,在使用过程中应注意安全防护.

图 2.3-1　氦氖激光器　　　　　　　　　图 2.3-2　可调气源

安全防护包括实验者人身安全、用电安全及电气设备安全.在实验室中,除了遵守常规的用电安全事项外,还应做到:

1. 认真阅读实验教材或产品说明书,弄清其结构、性能、使用范围、注意事项及安全防护措施.若发现损坏的接头及电线,应及时报告,及时更换或维修.连接好线路后,应仔细检查,再经教师确认无误后,方可通电实验.严禁随意合闸和带电操作.

2. 清楚实验使用的电源开关和实验室电源总开关的位置,一旦发现有人触电或电器着火,要立即切断电源.金属外壳的电气设备一般应接地线.

3. 实验桌上的电烙铁和热源,无论是否处于通电状态,都不要随意直接触摸导热部分,以免出现意外.

4. 清楚静电对人体和实验设备有潜在的危害.涉及有关静电或可能产生静电的实验时,要遵守操作规程和注意事项,避免与电子设备或电子元器件等直接接触.同时,还要避免意外造成实验者的电子用具(如手机、U 盘等)的损坏.在干燥的天气,为了避免人体的静电对有关电子设备造成意外的损坏,操作前应释放静电.例如,用双手手掌摸一下墙壁就是一种行之有效的简便方法.

5. 平时养成单手操作的习惯,避免双手带电操作.例如,需要测

图 2.3-3　加热杯

量可能对人体造成伤害的较高电压时,尽量采用单手操作.再如,采用类似拿筷子的方法单手操作多用表的两支测试棒.

2.3.2　实验室安全用电常识

为了确保在实验室中工作时不致受电气设备的危害,实验者必须遵照如下安全用电基本守则.

1. 严格遵守电气设备使用规程,不得超负荷用电,不允许乱拉乱接电线.

2. 使用电气设备时,必须检查无误后才可开始操作.

3. 打开或关闭电气开关时要使用绝缘手柄,动作要迅速、果断和彻底,以免形成电弧或火花,造成电灼伤.

4. 在实验过程中若遇停电,应关闭一切电器,只开一盏检查灯.在恢复供电后,再按规定进行必要的检查,之后才能重新送电进行实验.

5. 需要使用高压电源时(如电气击穿试验等),要按规定穿戴绝缘手套、绝缘靴,并站在橡胶绝缘垫上,用专用工具操作.

6. 对所有电气设备和辅助设施,不得私自拆动、改装、改接或修理.

7. 室内有可燃气体或蒸气时,禁止开、关电器,以免发生电火花而引起爆炸、燃烧事故.

8. 定期检查漏电保护开关,确保其灵活可靠.

9. 电气开关箱内不准放置杂物,要定期进行清洁.禁止用金属柄刷子或湿布清洁电气开关.

10. 若发现有人员触电,应立即切断相关电源,并迅速抢救.

11. 每天的实验工作结束后,应切断电源总开关.

2.3.3　实验室常见电气故障的排查

1. 要经常检查电线、开关、插头和一切电器用具是否完整,有无漏电、受潮、霉烂等情况.

2. 线路及电器接线必须保持干燥和绝缘,不得有裸露线路,以防漏电及伤人.

3. 发现电气开关跳闸、漏电保护开关开路、保险丝熔断等现象,应首先检查线路系统,消除故障,并确保电器正常无损后,再按规定恢复线路、更换保险丝,重新投入运行.

4. 检查所有电器的金属外壳,确保保护接地,实验室内的明、暗插座距地面的高度不应低于 0.3 m.

5. 使用的保险丝要与实验室允许的用电量相符,电线的安全通电量应大于用电器的用电功率.发现电器接触点(如电器插头)接触不良时,应及时修理或更换,防止引起火灾.

6. 检查线路中各接点是否牢固,避免电路元件两端接头互相接触,防止电线、电器被水淋湿或浸在导电液体中(图 2.3-4).

7. 使用电器仪表之前要检查线路连接是否正确.经检查确认无误后方可接通电源.

8. 在使用电器仪表的过程中若发现异常,如有不正常的声响,电器或线路过热、局部升温,绝缘漆过热产生焦

图 2.3-4　安全、规范用电

味,设备外壳或手持部位有触电感觉,开机或使用中保险丝熔断,机内打火出现烟雾,仪表指示超出正常范围,等等,均应立即切断电源,并对设备进行检修.

2.3.4 实验室触电急救

电流对人体的损伤主要是电热所致的灼伤和强烈的肌肉痉挛,这会影响到呼吸中枢及心脏,引起呼吸抑制或心脏骤停,严重电击伤可致残,甚至直接危及生命.发现触电事故,必须用最快的速度使触电者脱离电源,但要注意触电者未脱离电源前其本身就是带电体,同样会使抢救者触电.

脱离电源最有效的措施是断开电源开关或拔出电源插头.如果一时找不到电源开关或电源插头或来不及找,可用绝缘物(如带绝缘柄的工具、木棒、塑料管)移开或切断电源线.关键是:一要快,二要不使自己触电.一两秒的迟缓都可能造成无可挽救的后果.

事故发生后的 4 min 是救援最关键的时间.很多触电者若施救及时是可以救活的.脱离电源后病人如果呼吸、心跳尚存,应尽快送医院抢救.若心跳停止,应采用人工心脏按压法维持血液循环;若呼吸停止,应立即做口对口的人工呼吸;若心跳、呼吸均停止,则应同时采用上述两种方法,并向医院告急求救.

如图 2.3-5 所示,触电急救具体操作步骤如下:

(1) 要使触电者迅速脱离电源,应立即断开电源开关[图 2.3-5(a)]或拔掉电源插头,若无法及时找到或断开电源开关,可用干燥的竹竿、木棒等绝缘物挑开电线.

(2) 将脱离电源的触电者迅速移至通风干燥处,并使之仰卧,将其上衣和裤带放松,保持其呼吸通道畅通,观察触电者有无意识和呼吸[图 2.3-5(b)],摸一摸颈动脉有无搏动.

(3) 如果发现触电者伤势较重,应立即实施胸外心脏按压[图 2.3-5(c)]和人工呼吸.胸外心脏按压:在触电者胸骨中下 1/3 处,救助者双手手指交叉、掌根重叠,垂直向下、平稳有节奏地用力按压,按压频率为 100 次/min.人工呼吸:捏住触电者鼻子,往嘴里吹 2 次气(以后每 5 s 吹气 1 次),待触电者胸部胀起后松开,让其自然呼出.

(4) 及时拨打电话"120"呼叫救护车[图 2.3-5(d)],将触电者尽快送往医院,途中应持续施救.

(a) 断开电源开关

(b) 观察触电者

(c) 胸外心脏按压

(d) 呼叫救护车

图 2.3-5　触电急救

2.4　实验室火灾防护

2.4.1　实验室火灾类型

一、电气火灾

电气火灾一般是电气线路、用电设备、器具、供配电设备出现故障性释放热能(如高温、电弧、电火花)或非故障性释放热能(如电热器具的炽热表面),在具备燃烧条件下引燃本体或其他可燃物而造成的火灾,也包括由雷电和静电引起的火灾.物理实验室大量使用各类电气设备,电气设备发生过载、短路、断线、接点松动、接触不良、绝缘下降等故障均可能产生电热和电火花,引燃周围的可燃物.

二、违规操作引起的火灾

在实验中用火、用电、用危险物品时,若违反规程规定,也能引起火灾.例如,在使用有电感的实验设备时用物品覆盖在散热孔上,将使设备聚热,导致设备燃烧;用火时,周围的可燃物未清理完,火星飞到可燃物上引起燃烧;使用加热设备加热时,没有注意容器中被加热液体的沸腾情况,导致液体烧干而引起火灾事故.由此可见,不按操作规程实验,极易发生火灾事故.

实验室里常使用电烘箱、电炉等加热设备和器具,这增大了实验室的火灾危险性.若电烘箱运行时间长,控制系统发生故障,或发热量增多,致使温度升高,就会造成设备故障引起火灾.

2.4.2　实验室火灾防护措施

一、电气火灾防护

1. 严禁私拉乱接电线,必须按照电气安全技术规程进行设计,安装使用时要严格遵守岗位责任制和安全操作规程,加强维护管理,及时消除隐患,保障用电安全.

2. 实验室内严禁吸烟,并要防止遗留火种.注意检修电气设备,防止发生火灾或因短路、接触不良、超过负荷等原因引起线路发热而起火.

3. 继电器工作和开关电闸时,易产生电火花,要特别小心.电器接触点(如电插头)接触不良时,应及时修理或更换.

4. 定期检查设备的绝缘情况,力争及早发现漏电并予以消除.同时,认真检查设备的安全状况,将事故消灭在萌芽状态.

5. 不得私自拆动或任意修理实验室的电气设备和电路,也不能自行加接电气设备和电路,有需求时必须由专业人员进行操作.

6. 如遇电线起火,应立即切断电源,用沙或二氧化碳、四氯化碳灭火器灭火,禁止用水或泡沫灭火器等导电液体灭火.

二、规范操作火灾防护

严格按规范操作是做好实验室防火工作的最基本、最可靠的手段.

1. 根据各类实验性质,在积累经验的基础上,建立科学的实验安全操作规程.实验者应熟悉所使用物质的性质、影响因素与正确处理事故的方法;了解仪器结构、性能、安全操作条件与防护要求,严格按规程操作.

2. 设置专用存储器收集废液、废物,不得弃入下水道,以免引起污染、燃爆事故.

3. 在使用危险物质之前,必须预先考虑到发生灾害事故时的防护手段,并做好周密的准备.使用有可能引发火灾或有爆炸危险的物质时,要准备好防护面具、耐热防护衣及灭火器材等.

2.4.3　操作灭火器扑救初起火灾

一、常用灭火器的结构

实验室常用的灭火器有泡沫灭火器、干粉灭火器和二氧化碳灭火器.灭火器由于结构简单,操作方便,轻便灵活,适用面广,是扑灭初起火灾的重要消防器材.

（一）泡沫灭火器

泡沫灭火器(图 2.4-1)内有两个容器,分别盛放两种液体——硫酸铝和碳酸氢钠溶液.两种溶液互不接触,不发生化学反应(平时千万不能碰倒泡沫灭火器).当需要泡沫灭火器的时候,把灭火器倒立,两种溶液就会混合在一起,产生大量的二氧化碳气体及泡沫.它们能黏附在可燃物上,使可燃物与空气隔绝,达到灭火的目的.泡沫灭火器适用于扑灭油罐区、库房、油泵房等场所的火灾,不宜用于精密电气设备的火灾.

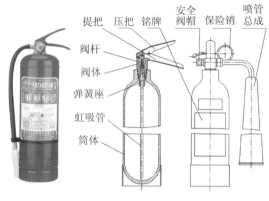

图 2.4-1　泡沫灭火器

（二）干粉灭火器

干粉灭火器(图 2.4-2)内充装的是干粉.干粉是用于灭火的干燥且易于流动的微细粉末,由具有灭火效能的无机盐和少量的添加剂经干燥、粉碎、混合而成的微细固体粉末组成.喷出的干粉(主要含有碳酸氢钠)覆盖在着火物上,使火焰熄灭.干粉灭火器适用于扑灭油罐区、库房、油泵房等场所的火灾,不宜用于精密电气设备的火灾.

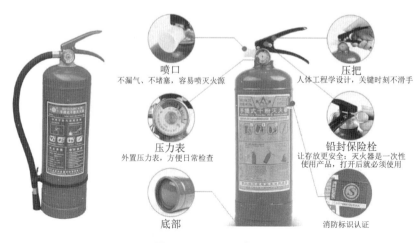

图 2.4-2　干粉灭火器

（三）二氧化碳灭火器

二氧化碳是一种不导电的气体,密度较空气大,在钢瓶内的高压下为液态.使用二氧化碳灭火器(图 2.4-3)灭火时只需扳动开关,二氧化碳即以气流状态喷射到着火物上,隔绝空气,使火焰熄灭.二氧化碳灭火器适用于精密仪器、电气设备及油品化验室等的小面积火灾.二氧化碳由液态变为气态时,大量吸热,温度极低(可达到 -80 ℃),因此,使用二氧化碳灭火器时要避免冻伤.在室内狭小空间使用二氧化碳灭火器灭火后,操作者应迅速离开,避免吸入二氧化碳,以防窒息.

实验室灭火器的摆放位置如图 2.4-4 所示.

图 2.4-3　二氧化碳灭火器

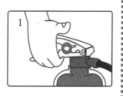

图 2.4-4　实验室灭火器的摆放位置

二、使用灭火器的注意事项及正确方法

下面以干粉灭火器为例,说明使用灭火器的注意事项及正确方法(图 2.4-5).

1. 首先需要检查一下灭火器是否在正常的工作压力范围内.灭火器压力表有三个颜色区域:黄色表示压力充足,绿色表示压力正常,红色表示欠压.选用灭火器时应选择压力表指针在绿色区域内的灭火器.

2. 先将灭火器上下颠倒摇晃几次,使干粉松动.

3. 保险销一般为铅封.直接用手拉住拉环,向外拉就可以把保险销拔掉.

4. 之后一只手握住压把,另一只手抓好喷管,将灭火器竖直放置.用力按下压把时,干粉便会从喷管里面喷出.

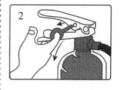

提起灭火器

拔下保险销

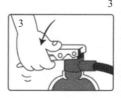
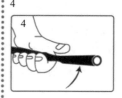

用力压下手柄

对准火源根部扫射

图 2.4-5　干粉灭火器的正确使用方法

三、灭火器灭火实操演练

不同性质的火灾采用不同的方法进行灭火,实验室常发生的化学药品、油类、可燃气体、带电设备等引起的火灾可采取干粉灭火剂灭火.

下面以干粉灭火器为例,介绍灭火实操演练要领:

1. 使用手提式干粉灭火器时,应手提灭火器的提把,迅速赶到着火处.

2. 在距离起火点 5 m 左右处放下灭火器.在室外使用时,应占据上风方向.

3. 使用前,先把灭火器上下颠倒几次,使筒内干粉松动.

4. 使用内装式或贮压式干粉灭火器时,应先拔下保险销,一只手握住喷嘴,另一只手用力压下压把,干粉便会从喷嘴喷射出来.

5. 用干粉灭火器扑救流散液体火灾时,应从火焰侧面,对准火焰根部喷射,并由近而远,左右扫射,快速推进,直至把火焰全部扑灭.

6. 用干粉灭火器扑救容器内可燃液体火灾时,应从火焰侧面对准火焰根部左右扫射.当火焰被扑出容器外时,应迅速向前,将余火全部扑灭.灭火时应注意不要把喷嘴直接对准液面喷射,以防干粉气流的冲击力使油液飞溅,导致火势扩大,造成灭火困难.

7. 用干粉灭火器扑救固体物质火灾时,应使灭火器嘴对准燃烧最猛烈处左右扫射,并应尽量使干粉灭火剂均匀地喷洒在燃烧物的表面,直至把火全部扑灭.

8. 使用干粉灭火器时应注意在灭火过程中始终保持灭火器处于直立状态,不得横卧或颠倒使用,否则不能喷粉;同时注意防止用干粉灭火器灭火后着火点复燃,因为干粉的冷却作用甚微,在着火点存在炽热物的条件下,灭火后着火点易发生复燃.

注:干粉灭火器压力超一点点不要紧,但不要超太多,防止超压爆炸.

2.4.4 逃生演练

一、演练目的

1. 增强师生对突发事件的应急处理能力,确保学生在突发事件来临时,能有组织、快速、高效、有序地安全疏散,让学生掌握逃生的方法,为应对各种自然灾害及突发事件积累实战经验.

2. 增强抢险救援现场指挥员的组织能力及小组之间、个体之间在应对突发事件时的配合能力,即学生的整体协作处置能力.

3. 培养学生听从指挥、团结互助的职业素养,并从中发现疏散过程中存在的问题,修订、完善应急预案,增强应急预案的实效性、可操作性.

二、演练目标

1. 培养师生的应急处理能力:面对突发事件,全体师生能听从组织安排,按照疏散通道、路线有序、高效地安全疏散.

2. 疏散人员时,能选择正确的逃生通道.将火灾逃生时间控制在 90 s 内.

3. 火灾报警时,能沉着冷静地说清火灾初期的情况,包括起火单位名称、地址、起火部分、什么物资着火、有无人员被围困、有无有毒或爆炸危险物品等,同时能讲清报警人的姓名和电话,以便消防人员随时联系.

2.5　实验室安全管理

2.5.1　实验室仪器设备的管理

实验室的仪器设备用于提供检测结果或辅助检测的进行,是实验室的重要资产,也是重要的检验工具,对保证检测结果的准确可靠起到至关重要的作用.实验室仪器设备是检验工作的物质保证,为确保检验工作的顺利进行,必须处于受控状态.这就要求实验室工作人员日常要对仪器设备进行维护、保养并加强管理.实验室仪器设备是否得到有效管理,将直接关系到实验室检测水平的高低.为保证检验结果的安全可信,实验室仪器设备管理成为实验室安全管理中较为重要的一部分.

一、实验室仪器设备的维护、保养

1. 实验室仪器设备维护、保养的意义.

实验室仪器设备在运行过程中,由于种种原因,其技术状况必然会发生某些变化,可能影响设备的性能,甚至诱发设备故障及事故.因此,实验者必须及时发现和排除这些隐患,才能保证仪器设备的正常运行.通常,仪器设备在运行过程中,人们常采取维护保养的手段去消除这些事故隐患.

2. 实验室仪器设备维护保养的内容和要求.

(1) 在用仪器设备的日常保养.

① 对仪器设备做好经常性的清洁工作,保持仪器设备清洁.

② 定期进行仪器设备的功能和测量精度的检测、校验及磨损程度的测定.

③ 定期对仪器设备进行防潮、防锈、防腐蚀检查,及时发现仪器设备的变异部位及程度,并做出相应的技术处理,防患于未然.

(2) 封存仪器设备的保养.

① 在封存仪器设备之前应进行全面的检查,并对其进行防潮、防锈和防腐蚀的密封包装,再予以封存.

② 封存的仪器设备应存放在清洁、干燥、阴凉、没有有害气体和灰尘侵蚀的地方(储物柜或架子上).

③ 经常检查封存仪器设备的存放地点,如发现保存条件有变化,应适当拆包检查.长期封存的仪器设备也应定期拆包检查,及时采取措施予以维护.

(3) 备用仪器设备的保养.

① 备用仪器设备在一般情况下是不运行的,可以像封存仪器设备那样进行防潮、防锈和防腐蚀处理,但不需要密封.用可活动的罩或盖把备用仪器设备与外界分隔开来即可.

② 备用仪器设备应存放在清洁、干燥、阴凉、没有有害气体和灰尘侵蚀的地方(储物柜或架子上).

(4) 仪器设备保养的要求.

① 制定仪器设备的保养制度,做到维护保养经常化、制度化,并与实验室的清洁工作结合进行,责任落实到人.

② 仪器设备的保养应坚持实行"三防四定"制度,做到"防尘、防潮、防振"和"定人保管、

定点存放、定期维护和定期检修".

③ 大型和重点仪器设备要规定"一级保养"和"二级保养"等维护保养要求,工作周期、时间等应列入工作计划并按期实施.

二、实验室仪器设备管理制度

实验室仪器设备管理制度主要包含以下基本内容:

1. 实验室仪器设备摆放合理,精密仪器不得随意移动,大型、贵重仪器和设备由专人管理,建立仪器设备档案.

2. 仪器设备需做到经常维护和保养,定期检查,保证完好和随时能投入使用.仪器设备应保持清洁,一般应配有仪器套罩.

3. 实验室所使用的仪器、容器应符合标准要求,保证准确可靠.计量器具须经计量部门检定合格方能使用.

4. 使用仪器时,应严格按照操作规程进行,使用后应按登记本内容进行登记.违反操作规程和因保管不善致使仪器损坏的,要负相应的责任.

5. 易被潮湿空气、酸液或碱液等侵蚀而生锈的仪器,用后应及时擦洗干净,放在通风干燥处保存.

6. 易老化变黏的橡胶制品应防止受热、受光照或与有机溶剂接触,用后应洗净置于有盖的容器内或塑料袋中存放.

7. 使用完各种仪器设备(冰箱、温箱除外)后要立即切断电源,将旋钮复原归位,仔细检查后方可离开.

8. 在使用仪器设备过程中若发生事故,应及时报告有关部门进行处理,并做好记录,做好后续相关工作.

9. 外借仪器设备需经过实验室负责人同意,并经相关部门批准.

10. 要转移仪器设备,必须办理调拨手续.未经批准,不得擅自拆卸或改装仪器设备.若要报废某仪器设备,须做技术处理;若要抛弃某仪器设备,须经相关部门批准.

2.5.2 实验室档案的管理

实验室档案的管理是实验室安全管理工作的重要组成部分,它直接影响实验室整体管理水平,同时它是实现实验室危险化学品及仪器设备安全管理的前提和保障.只有做好实验室档案管理工作,才能使实验室工作有组织、系统地进行.实验室档案管理工作内容广泛,需重点掌握管理实验室药品试剂账册的方法、管理实验室仪器设备技术档案的方法及管理实验室原始记录及数据档案的方法.

一、实验室档案管理的重要性

1. 实验室在运行过程中会产生大量的原始信息资料.这些信息资料直接反映实验室的能力水平,对于追溯实验过程中的客观性、真实性方面发挥着越来越重要的作用.这些信息资料也是实验室质量体系管理、运行,及质量体系有效性、符合性、真实性的反映和记载,不仅是实验室规范化管理的基础资料,也是日常工作及认证认可的重要凭据.

2. 实验室档案是实验工作的真实记录,是原始的技术凭证和法律依据,是开展调查研究的重要依据.

3. 实验室档案能客观地反映实验室的管理水平和检验质量,能增强领导决策的科学性.

二、实验室仪器设备技术档案管理

（一）仪器设备的技术档案

仪器设备的技术档案应从提出申请采购的时候开始建立.仪器设备的技术档案包括原始档案和使用档案.

1.原始档案包括申请采购报告、订货单（合同）、验收记录及随同仪器设备附带的全部技术资料等.

2.使用档案.

（1）仪器设备使用工作日志及使用记录、维护及保养记录等.

（2）仪器设备履历卡,内容包括故障发生时间、故障现象、故障原因、故障处理等记录,维修记录,检定证书（或记录）,质量鉴定及精度校核记录,改造（改装）记录,等等.

（二）实验室仪器设备技术档案管理

1.仪器设备的技术档案应于申请采购时即建立.

2.仪器设备的技术档案必须收录所有与该仪器设备相关的技术资料,包括主要生产厂家或供应商的产品介绍资料、说明书等书面材料.

3.仪器设备在从验收到报废的整个寿命周期中发生的所有故障现象及其处理方式均应详细如实记录,并按发生时间先后次序归档（对特殊情况,可以另列专项目录,以方便查阅）.

4.所有仪器设备技术档案必须妥善保管,不得随意销毁.对要报废或淘汰的仪器设备的技术档案的处理,应报告相关管理部门,并按批复进行.

第 3 章

物理实验的基本知识

物理实验离不开对物理量的测量.本章首先为读者介绍了测量的定义与分类.任何被测物理量在一定条件下总是存在着一个真实的数值.该数值称为真值.由于各种实际条件的限制,测量的结果和被测物理量的真值之间总存在一定的差异.测量值与真值之差称为测量误差(简称误差),也就是说,测量总是存在着误差.根据误差的性质和产生误差的原因,误差可分为系统误差、随机误差与过失误差,本章将分别介绍.

由于真值始终无法得到,误差也就不能确切知道.因此,用误差来评定测量结果的质量并不十分恰当.为了更全面、更准确地评定测量结果的质量,国际计量委员会(CIPM)推荐采用不确定度理论作为测量质量的评定标准,并于 1993 年制定了《测量不确定度表示指南 ISO 1993(E)》.本章也介绍了不确定度的分类及不确定度的计算.

任何一个物理量,其测量结果都包含误差.对该物理量数值的尾数不能任意取舍,而要由不确定度来决定.可靠数字和存疑数字合起来统称为有效数字,它用于正确地表示实验结果.因此,本章介绍了有效数字的定义、书写规则与运算规则,以及测量结果的完整表示方法.此外,有了实验数据之后,读者还应学会对实验数据进行分析与处理.本章的最后为读者介绍了数据处理的基本方法、物理实验的基本测量设计方法,以及物理实验基本操作规程.

3.1 测量

物理实验是人们根据研究目的,创造一定的条件,使自然过程在实验场所再现,探究其变化规律的实践活动.物理实验一般包含定性分析与定量研究两个层面.定量研究必须要进行测量.所谓测量,就是通过一定的方法,用一定的工具或仪器直接或间接地与被测物理量进行比较.

为了进行测量,人们首先必须选定一些标准单位.目前,中国物理学上各物理量的单位都采用中华人民共和国法定计量单位,是以国际单位制(SI)为基础的单位.国际单位制以米(长度)、千克(质量)、秒(时间)、安培(电流)、开尔文(温度)、摩尔(物质的量)和坎德拉(发光强度)为基本单位,其他物理量的单位均由这些基本单位导出,称为国际单位制的导出单位.

将所要测定的物理量与该物理量的标准单位进行比较得到的倍数即为该物理量的测量值.一个数值有了单位,才具有特定的物理意义,这时它才可以被称为一个物理量.因此,一个测量值不同于一个数值,它由数值和单位两部分组成,两者缺一不可.一个物理量的完整测量结果除了该物理量的数值与单位外,还应包括结果的可信赖程度(用不确定度表示).

3.1.1　直接测量与间接测量

按测量手段的不同,测量可分为直接测量与间接测量.

直接测量是用测量仪器直接获得测量结果的测量.例如,用米尺测量物体的长度,用天平称量物体的质量,用秒表计量时间,等等.直接测量是物理实验中最基本、最常见的一种测量方式.

间接测量是借助待测量与其他物理量之间的函数关系,由直接测量的物理量经过计算间接获得测量结果的测量.例如,要测定一种金属的密度,可将该金属制成形状规则的金属块,分别用米尺(或游标卡尺)与天平测出该金属块的几何尺寸和质量,再用公式计算该金属的密度.在物理实验中进行的物理量测量,大多要通过间接测量得到结果.

有些物理量既可以直接测量,也可以间接测量,这主要取决于测量条件、测量要求、测量方法和使用的仪器.例如,我们可以用伏安法间接测量电阻,也可以用多用表的电阻挡直接测量电阻.直接测量是一切测量的基础,随着科学技术的发展和测量仪器的开发,很多原来只能间接测量的量,现在都可以直接测量了.变间接测量为直接测量,有利于简化测量过程,是实验仪器设计、开发的一条思路.

3.1.2　等精度测量与非等精度测量

按测量条件的不同,测量可分为等精度测量与非等精度测量.

等精度测量是指在同等实验条件(包括但不限于同一个实验者、同一种实验方法、同一组仪器、同一种实验环境等)下对某一物理量进行的多次重复测量.尽管各次测量所得的结果会有所不同,但是没有理由认为某一次测量比另一次测量更精确,即认为每次测量的精确程度是相同的,因此将这种测量精确程度相同的测量称为等精度测量.

非等精度测量是指在不同实验条件下对某一物理量进行的多次重复测量.也就是说,只要有一个测量条件发生了变化,所进行的测量就称为非等精度测量.

严格来说,在物理实验过程中要保持所有测量条件完全不变是非常困难的,但当某些条件的细微变化对测量结果的影响几乎可以忽略不计时,仍可将这样的测量看作等精度测量.在物理实验中,凡是要求对某物理量进行多次重复测量的均指等精度测量.本课程中有关误差理论和实验数据的讨论,都是以等精度测量为前提的.

3.2　测量误差(误差)

前面已论述,任何被测物理量在一定条件下总是存在着一个真实的数值.该数值称为真值,记为 R.测量的目的就是获得该真值,但由于受到所选的测量仪器、理论计算公式、实验条件和实验者的操作水平等的限制,测量不可能是无限精确的,测量值(记为 x)和被测量的真值之间总存在一定的差值.这一差值称为测量误差,简称误差.误差的大小反映了我们的认知与客观事实之间的接近程度,有绝对误差(ε_x)[式(3.2-1)]与相对误差(E_x)[式(3.2-2)]两种表示方法.

$$\varepsilon_x = x - R \tag{3.2-1}$$

$$E_x = \frac{|\varepsilon_x|}{R} \times 100\% \tag{3.2-2}$$

绝对误差反映了测量值偏离真值的大小和方向(可正可负).它不仅具有大小,而且具有与测量值相同的量纲或单位.相对误差是一个没有量纲的纯数(仅可为正),用百分比表示.相对误差反映的是测量值偏离真值的相对大小,即绝对误差对测量结果影响的程度.例如,当我们测量一个质量约为 100 g 的物体时,如果测量的绝对误差为 1 g,则绝对误差占测量量本身的 1/100;而当我们测量一个质量约为 10 g 的物体时,如果测量的绝对误差依然为 1 g,则此时绝对误差占测量量本身的 1/10.由此可以看出,两次测量的绝对误差虽然相同,但是对测量结果影响的程度却有较大不同.

根据误差的性质和产生误差的原因,误差通常可分为三大类,即系统误差、随机误差和过失误差.

3.2.1 系统误差

在保持同一测量条件(实验仪器、实验方法、实验环境和实验者等条件不变)下对同一物理量进行多次等精度测量时,误差的大小和方向始终保持恒定或按一定规律变化,这种误差就称为系统误差.

一、系统误差的分类

系统误差主要来自以下几个方面:

(一)仪器误差

仪器误差是指由于仪器本身的缺陷或没有按规定条件使用仪器而造成的误差.例如,仪器刻度不准、精度不够、零点没有调准、水平或铅直未调整等引起的误差.

(二)理论误差

理论误差是指由于实验所依据的理论公式的近似性或实验条件不能满足理论公式所规定的要求所引起的误差.例如,用单摆测重力加速度实验中所用的公式 $g = 4\pi^2 \frac{l}{T^2}$ 本身就是近似公式.又如,在用落球法测量重力加速度时,采用的理论公式 $h = \frac{1}{2}gt^2$ 是在无空气阻力的条件下推导出来的,然而实际实验通常达不到此条件.

(三)环境误差

环境误差是指由于测量环境不满足要求或环境不稳定而产生的误差.例如,测量过程中环境温度、湿度、气压、电磁场和光照等变化引起的误差,材料发生热胀冷缩引起的误差,等等.

(四)操作误差

操作误差是指实验者个人感官和运动器官的反应不同或不良观测习惯引起的误差.例如,实验者记录某一信号时有超前或滞后的倾向,对准标志线读数时总是偏左或偏右、偏上或偏下等引起的误差.

系统误差的特点是具有确定性,即在同一条件下对同一物理量进行多次测量时,系统误差的大小恒定、方向一致(测量值要么总是偏大,要么总是偏小),或当测量条件改变时,误差按某一确定的规律变化(如线性变化、周期性变化等).因此,采用多次测量取平均值的方法并不能消除系统误差.误差的数值和符号都可以确定的系统误差,称为可定系统误差(或可修正系统误差).只能估计大小但不能确定符号的系统误差,称为不可定系统误差(或不可修正系统误差).

二、可定系统误差

虽然系统误差不可以通过增加测量次数的方法消除或减小,但是对于某些可定系统误差,我们可以通过校准或改进实验仪器,改进实验方法,或对测量结果进行理论分析,等等,来减小、消除或修正,使系统误差对测量结果的影响小于随机误差.下面列举两种常见的消除或修正可定系统误差的方法.

(一) 仪器零位误差的修正

常见的仪器有两大类:一类是有零位调节器的,如指针式电流表、电压表、天平等仪器;另一类是没有零位调节器的,如游标卡尺、螺旋测微器(千分尺)等.对有零位调节器的仪器,使用之前,必须认真检查仪器指针是否指在零位.若仪器指针没有指在零位,则需要通过零位调节器将指针调至零位后才可使用.对没有零位调节器的仪器,使用前可先将其零位读数记录下来,最后再修正至正确的结果.例如,设零位读数为 x_0,测量值为 x',则修正后的结果为 $x = x' - x_0$.其中,零位读数 x_0 有时为正,有时为负.

(二) 理论误差的修正

如前所述,大多数物理公式都是在理想条件下推导出来的,而实验的具体情况往往不能满足这些理想条件.减小或消除此类可修正系统误差的方法是根据实验的实际情况将理论公式中因近似而忽略的那部分作为修正值,对测量结果进行修正.

例如,在用单摆法测量重力加速度 g 的实验中,设摆长为 l,则当忽略摆角 θ 对周期的影响(即令 $\theta \to 0$)时,单摆的摆动可看作简谐运动,其周期 T 的计算公式为

$$T = 2\pi \sqrt{\frac{l}{g}} \tag{3.2-3}$$

为了测量周期,在实验中摆角 θ 不可能为零.若考虑摆角对周期的影响,理论上周期的计算公式应为

$$T = 2\pi \sqrt{\frac{l}{g}} \left(1 + \frac{1}{4}\sin^2 \frac{\theta}{2} + \frac{9}{64}\sin^4 \frac{\theta}{2} + \cdots \right) \tag{3.2-4}$$

若取上式中的二级小量作为修正量,则

$$T = 2\pi \sqrt{\frac{l}{g}} \left(1 + \frac{1}{4}\sin^2 \frac{\theta}{2} \right) \tag{3.2-5}$$

由上式,得重力加速度的公式为

$$g = \frac{4\pi^2 l}{T^2} \left(1 + \frac{1}{4}\sin^2 \frac{\theta}{2} \right)^2 \tag{3.2-6}$$

利用上式对测量结果进行修正,可以部分消除摆角 θ 对测量结果的影响.

在实验中发现和消除(或修正)可定系统误差是很重要的,因为它常常是影响实验结果准确程度的主要因素.能否用恰当的方法发现和消除系统误差反映了实验者实验水平的高低.但是消除可定系统误差并没有一种普遍适用的方法,主要依靠实验者利用知识与经验对具体问题做具体的分析与处理.

三、不可定系统误差

如果不能确切掌握系统误差的大小和变化规律,则一般难以做出修正,只能估计出极限范围.如刻度盘刻得不准确而引起的测量示值的误差,就是一种规律比较复杂的系统误差,并且每个刻度盘刻线的规律又不尽相同,故没有统一的方法可以确定由此产生的系统误差的大小和变化规律.

3.2.2 随机误差

在相同条件下,多次测量同一物理量,其测量误差的绝对值和符号以不可预知的方式变化,这种误差就称为随机误差.它是由实验中多种因素的微小变动而引起的.例如,电源电压的波动、空间电磁波的干扰、气流的变化、实验者在估计某次读数时可能偏大或偏小等,这些因素的共同影响使得测量值围绕着测量的平均值发生涨落.

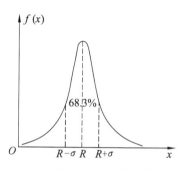

随机误差的出现,就某一次的测量值来说是没有规律的,其大小和方向都是不可预知的.但理论和实践都证明,在相同条件下对同一物理量进行足够多次的测量时,随机误差的分布服从一定的统计规律,常见的分布有正态分布、均匀分布、t 分布等.

一、随机误差的统计分布规律

随机误差最典型的分布规律为正态分布(高斯分布),如图 3.2-1 所示.

图 3.2-1 正态分布曲线

图中横坐标 x 表示测量值,纵坐标 $f(x)$ 表示 x 的概率密度.测量值 x 的正态分布函数为

$$f(x) = \frac{1}{\sigma\sqrt{2\pi}} \exp\left[-\frac{1}{2}\left(\frac{x-R}{\sigma} \right)^2 \right] \qquad (3.2\text{-}7)$$

式中,R 表示出现概率最大的 x 的值,即图中概率密度最大值所对应的横坐标.在消除系统误差后,R 为真值.σ 称为标准误差,也称作方均根误差,反映了测量值的离散程度.

$$\sigma = \sqrt{\frac{\sum_{i=1}^{n}(x_i - R)^2}{n}} \qquad (n \to \infty) \qquad (3.2\text{-}8)$$

图 3.2-1 中曲线与 x 轴之间的面积表示测量值 x 在某一范围内的概率,用 P 表示.概率密度函数满足归一化条件:

$$\int_{-\infty}^{+\infty} f(x)\mathrm{d}x = 1 \qquad (3.2\text{-}9)$$

上式代表图中曲线下方的总面积为 1,即在 $(-\infty, +\infty)$ 范围内,$P=1$.给定区间不同,则测量值出现的概率也不同,这个给定的区间称为置信区间,相应的概率称为置信概率.

经计算,可得测量值 x 落在置信区间 $(R-\sigma, R+\sigma)$ 或误差落在 $(-\sigma, +\sigma)$ 内的概率为

$$\int_{R-\sigma}^{R+\sigma} f(x)\mathrm{d}x = 0.683 = 68.3\% \qquad (3.2\text{-}10)$$

同理,可得误差落在 $(-2\sigma, +2\sigma)$ 内的置信概率为 95.4%,落在 $(-3\sigma, +3\sigma)$ 内的置信概率为 99.7%.由于测量值误差超过 $\pm 3\sigma$ 范围的情况几乎不会出现,所以把 3σ 称为极限

误差.

由图 3.2-1 可知,服从正态分布的随机误差具有以下特点:

(1)单峰性:绝对值小的误差比绝对值大的误差出现的概率大.

(2)对称性:绝对值相等的正、负误差出现的概率相等.

(3)有界性:绝对值很大的误差出现的概率趋近于零,即误差的绝对值不超过一定限度.

(4)抵偿性:随机误差的算术平均值随着测量次数的增加而越来越趋近于零,即

$$\lim_{n\to\infty}\frac{1}{n}\sum_{i=1}^{n}\Delta x_i=0 \tag{3.2-11}$$

二、等精度测量结果的最佳值——算术平均值

由于测量存在误差,在对某一物理量进行多次测量的过程中,每次测量结果都不会完全相同.设对某一物理量进行了 n 次等精度的重复测量,所得的一系列测量值分别为 x_1,x_2,$\cdots$,x_n.这称为一个测量列,测量列的算术平均值定义为

$$\overline{x}=\frac{1}{n}\sum_{i=1}^{n}x_i=\frac{1}{n}(x_1+x_2+\cdots+x_n) \tag{3.2-12}$$

式中,x_i 是第 i 次测量值.即使在完全相同的条件下进行等精度测量,$\overline{x}$ 的值也会随测量次数的增减而变化.这说明它是随机变量.根据随机误差的统计特性,我们可以证明测量次数 n 越多,测量列的算术平均值 $\overline{x}$ 就越接近真值的最佳值.

设被测量的真值为 R,由误差的定义可知,每次测量值的误差分别为

$$\Delta x_1=x_1-R$$
$$\Delta x_2=x_2-R \tag{3.2-13}$$
$$\cdots$$
$$\Delta x_n=x_n-R$$

则误差的算术平均值为

$$\frac{1}{n}\sum_{i=1}^{n}\Delta x_i=\frac{1}{n}\sum_{i=1}^{n}x_i-R=\overline{x}-R \tag{3.2-14}$$

根据随机误差的对称性和抵偿性,当 $n\to\infty$ 时,$\frac{1}{n}\sum_{i=1}^{n}\Delta x_i\to 0$,因此,有 $\overline{x}\to R$.由此可见,测量次数越多,算术平均值越接近真值.因此,对物理量进行多次等精度测量十分必要.算术平均值是真值的最佳估计值,称为最佳值或近真值.

三、随机误差的估算

(一)测量列的标准偏差 S_x

由于真值虽客观存在却无法准确得到,因此,任意一次测量的误差 Δx_i 也无法计算.考虑到有限次测量的算术平均值 $\overline{x}$ 为接近真值的最佳值,且当 $n\to\infty$ 时,$\overline{x}\to R$,所以我们可以用各次测量值与算术平均值之差——残差来估算有限次测量中的误差:

$$d_i=x_i-\overline{x} \tag{3.2-15}$$

当测量次数有限时,由误差理论可以证明,测量列中某一次测量结果的标准偏差为

$$S_x=\sqrt{\frac{\sum_{i=1}^{n}d_i^{~2}}{n-1}}=\sqrt{\frac{\sum_{i=1}^{n}(x_i-\overline{x})^2}{n-1}}\quad (n\text{ 有限时}) \tag{3.2-16}$$

式中,S_x 称为测量列的标准偏差,简称标准差.由于实际实验中测量次数总是有限的,所以 S_x 只是在 $n \to \infty$ 时标准误差 σ 的一个估算值.当测量次数 $n > 10$ 时,用式(3.2-16)与式(3.2-8)计算的结果已经非常接近,因此可认为 S_x 是 σ 的最佳值.

(二)算术平均值的标准偏差 $S_{\bar{x}}$

由于算术平均值 $\bar{x}$ 是测量结果的最佳值,最接近真值,因此,我们更希望知道 $\bar{x}$ 对真值的离散程度.利用误差理论可以证明算术平均值 $\bar{x}$ 的标准偏差为

$$S_{\bar{x}} = \sqrt{\frac{\sum_{i=1}^{n}(x_i - \bar{x})^2}{n(n-1)}} = \frac{S_x}{\sqrt{n}} \tag{3.2-17}$$

由上式可见,算术平均值的标准偏差 $S_{\bar{x}}$ 是测量列(n 次测量中任意一次测量值)标准偏差 S_x 的 $\frac{1}{\sqrt{n}}$.显然,$S_{\bar{x}}$ 比 S_x 小,且随着测量次数的增加而减小,即通过增加测量次数的方法可以减小随机误差对测量结果的影响.但是,因为 $S_{\bar{x}}$ 与 n 的平方根成反比,当 n 增大到一定值($n > 10$)时,$S_{\bar{x}}$ 的减小就不太明显了.此时继续片面地增加测量次数,会导致测量时间延长,实验者疲劳,实验环境条件可能出现波动,继而引入新的误差.所以,在科学研究中,一般取测量次数 n 为 $10 \sim 20$ 次;而在物理实验中,n 取 $5 \sim 10$ 次为宜.

(三)标准偏差的统计意义

测量列标准偏差小的测量值,表示分散范围较窄或者比较向中间集中.而这种表现又显示测量值偏离真值的可能性较小,即测量值的可靠性较高.

3.2.3　过失误差

另外,还有一种误差被称为过失误差,它是观测者使用仪器的方法不正确、实验方法不合理、读错数据、记录错误等原因,使得测量结果被明显地歪曲而引起的误差,又称粗大误差.它实际上是一种测量错误,应当被剔除.只要观察者具有严肃认真的科学态度、一丝不苟的工作作风,过失误差就完全可以避免.

3.3　测量不确定度

3.3.1　不确定度的概念

由于真值始终无法得到,误差也就不能确切知道,因此用误差($\varepsilon_x = x - R$)来评定测量结果的质量并不十分恰当.国际计量局提出了《实验不确定度的规定建议书 INC-1(1980)》,建议用不确定度取代误差来评定测量结果的质量.中国国家技术监督局颁布并已于 1992 年 10 月 1 日实施的《测量误差及数据处理(试行)》技术规范中明确提出了"对标准差以及系统误差中不可掌握的部分的估计,是测量不确定度评定的主要对象",并对不确定度的计算方法做了比较详细的说明.由此不确定度在我国开始进入推广试用阶段.为了更全面、更准确地评定测量结果的质量,国际计量委员会于 1993 年制定了《测量不确定度表示指南》,推荐采用不确定度理论作为测量质量的评定标准.

测量不确定度(又称实验不确定度)是指由于测量误差的存在而对被测量值不能肯定的

程度,它用于在某个量值范围内对被测量的真值的评定.不确定度反映了可能存在的误差分布范围,即随机误差分量与未定系统误差分量的联合分布范围.它是一个不为零的正值.不确定度越小,说明测量结果越接近真值,结果的可信度越高;不确定度越大,则测量结果偏离真值越远,可信度越低,测量结果的使用价值也越低.

3.3.2　不确定度的分类

由于误差的种类很多,测量结果的不确定度通常包含若干个分量.考虑到在实际测量中,对带入测量结果的已定系统误差分量进行修正以后,其余各种未定系统误差因素和随机误差因素将共同影响测量结果的不确定度.根据不确定度理论,不确定度可分为 A、B 两类.测量结果的总不确定度由 A 类不确定度和 B 类不确定度这两个分量按一定规则合成得到,故又称合成不确定度.物理实验中用合成不确定度综合评价测量结果.

一、A 类不确定度

A 类不确定度是采用统计方法评定的不确定度,又称为统计不确定度,用 u_A 表示.

由于误差的来源不同,在对某一物理量进行多次测量时,可能有若干个 A 类不确定度 $u_{A_1},u_{A_2},\cdots,u_{A_m}$ 存在,称为 A 类不确定度分量.如果这 m 个分量之间彼此独立,则对该物理量多次测量总的 A 类不确定度 u_A 为这 m 个分量的方和根,即

$$u_A=\sqrt{u_{A_1}{}^2+u_{A_2}{}^2+\cdots+u_{A_m}{}^2} \tag{3.3-1}$$

普通物理教学实验中通常只有一个分量 u_{A_1},这个分量就是 A 类不确定度 u_A.

二、B 类不确定度

B 类不确定度是采用非统计方法评定的不确定度,又称为非统计不确定度,用 u_B 表示.

同样地,由于误差的来源不同,一个测量可能存在多个 B 类不确定度 $u_{B_1},u_{B_2},\cdots,u_{B_n}$,它们称为 B 类不确定度分量.如果这 n 个分量彼此独立,则总的 B 类不确定度 u_B 为

$$u_B=\sqrt{u_{B_1}{}^2+u_{B_2}{}^2+\cdots+u_{B_n}{}^2} \tag{3.3-2}$$

三、合成不确定度

总不确定度是由 A 类不确定度和 B 类不确定度这两个分量按一定规则合成得到的不确定度,故又称合成不确定度,用 u 表示.物理实验中用合成不确定度综合评价测量结果.

如果对某一物理量 x 的测量含有 m 个 A 类不确定度分量和 n 个 B 类不确定度分量,并且这些分量相互独立,则测量的合成不确定度 u_x 为

$$u_x=\sqrt{\sum_{i=1}^{m}u_{A_i}{}^2+\sum_{i=1}^{n}u_{B_i}{}^2} \tag{3.3-3}$$

如果 $m=n=1$,则

$$u_x=\sqrt{u_{A_1}{}^2+u_{B_1}{}^2} \tag{3.3-4}$$

需要指出的是,A、B 类不确定度不一定与常说的随机误差、系统误差存在简单的对应关系.随机误差全部可用 A 类不确定度来评定,但用 A 类不确定度评定的不都是随机误差;系统误差也不能都用 B 类不确定度来评定.具有随机性质的系统误差需用 A 类不确定度来评定.另外,用不确定度进行误差评定时,要先将已定系统误差修正,所以在 A、B 两类不确定度中是不包含已定系统误差的.

3.3.3 直接测量结果的不确定度

一、多次直接测量的不确定度评定

(一) A 类不确定度的估算

设对某一物理量进行 n 次等精度的重复测量,所得的一系列测量值分别为 $x_1, x_2, \cdots, x_n$,测量列的算术平均值 $\bar{x}$ 是测量结果的最佳值,它的 A 类不确定度用平均值的标准偏差乘以因子 t_P 表征:

$$u_A = t_P \sqrt{\frac{\sum_{i=1}^{n}(x_i - \bar{x})^2}{n(n-1)}} \tag{3.3-5}$$

式中,t_P 称为"t 因子",它与测量次数 n 和置信概率 P 有关,参见表 3.3-1.

表 3.3-1 不同测量次数 n 下 t 因子的数值

n	2	3	4	5	6	7	8	9	10	∞
$t_{0.683}$	1.84	1.32	1.20	1.14	1.11	1.09	1.08	1.07	1.06	1.00
$t_{0.95}$	4.30	3.18	2.78	2.57	2.45	2.36	2.31	2.26	2.23	1.96
$t_{0.99}$	9.92	5.84	4.60	4.03	3.71	3.50	3.36	3.25	3.17	2.58

t 因子的引入是由于当测量次数很少时,测量列的算术平均值 $\bar{x}$ 和标准偏差 S_x 可能会严重偏离总体正态分布的真值 R 和标准误差 σ.根据误差理论,如果令 $t = (\bar{x} - R)/s_{\bar{x}}$,$t$ 作为一个统计量将遵从另一种分布——t 分布,也叫"学生分布".t 分布函数式比较复杂,此处不做进一步讨论.但由 t 分布可以提供一个系数因子,即式(3.3-5)中的 t_P.用这个 t_P 因子乘以小样本的标准偏差作为置信区间,仍能保证在这个区间内有相同的置信概率.由表 3.3-1 可见,$t_{0.683}$ 因子随测量次数的增加而趋向于 1.这表明 t 分布在 $n \to \infty$ 时趋向正态分布.在物理实验中,如果无特殊说明,置信概率 P 一般取 0.683.

(二) B 类不确定度的估算

引起 B 类不确定度的因素有很多.在物理实验中我们一般只考虑由仪器因素造成的 B 类不确定度.

对物理量进行测量离不开仪器的使用.然而,由于仪器自身的原理、结构或者制造工艺上的不完善,以及受测量环境等因素的影响,仪器产生的误差是客观存在的.在一般情况下,仪器误差不会超过一定的限值,我们称之为仪器误差限.仪器误差限是指在正确使用的条件下测量结果与真值之间可能产生的最大误差,用 $\Delta_{仪}$ 表示,其确定方法如下:

(1) 查仪器说明书或使用手册,获得该仪器的允许误差限或示值误差,即 $\Delta_{仪}$.

(2) 无资料可查时,$\Delta_{仪}$ 一般可取仪器的最小分度值.

表 3.3-2 给出了部分仪器的误差限 $\Delta_{仪}$.

表 3.3-2 物理实验中常用仪器的误差限 $\Delta_{仪}$

仪器名称	量程	最小分度值	最大允差
钢板尺	150 mm	1 mm	±0.10 mm
	500 mm	1 mm	±0.15 mm
	1 000 mm	1 mm	±0.20 mm
钢卷尺	1 m	1 mm	±0.8 mm
	2 m	1 mm	±1.2 mm
游标卡尺	125 mm	0.02 mm	±0.02 mm
		0.05 mm	±0.05 mm
螺旋测微器(千分尺)	0～25 mm	0.01 mm	±0.004 mm
读数显微镜			0.02 mm
三级天平(分析天平)	200 g	0.1 mg	1.3 mg(接近满量程) 1.0 mg(1/2 量程附近) 0.7 mg(1/3 量程附近)
普通温度计 (水银或有机溶剂)	0 ℃～100 ℃	1 ℃	±1 ℃
精密温度计(水银)	0 ℃～100 ℃	0.1 ℃	±0.2 ℃
电表(0.5 级)			0.5%×量程
电表(0.1 级)			0.1%×量程
秒表(3 级)		0.1 s	±0.5 s
各类数字仪表			仪器最小读数

B 类不确定度分量的计算公式为

$$u_B = \frac{\Delta_{仪}}{C} \tag{3.3-6}$$

式中,$\Delta_{仪}$ 为仪器误差限;C 为置信系数,它的取值取决于仪器误差限 $\Delta_{仪}$ 服从的概率分布.通常仪器误差限 $\Delta_{仪}$ 的概率分布有正态分布、均匀分布和三角分布,对应的置信系数 C 分别取 3,$\sqrt{3}$ 和 $\sqrt{6}$.在物理实验中,如无特殊说明,一般可认为仪器误差在误差限内是均匀分布的,即在区间 $(-\Delta_{仪},\Delta_{仪})$ 以内,误差出现的概率相同;在区间 $(-\Delta_{仪},\Delta_{仪})$ 以外,误差出现的概率为零.那么,B 类不确定度可按下式估算:

$$u_B = \frac{\Delta_{仪}}{\sqrt{3}} \tag{3.3-7}$$

(三) 合成不确定度的计算

如果对某一物理量 x 的测量含有 m 个 A 类不确定度分量和 n 个 B 类不确定度分量,并且这些分量相互独立,分别用式(3.3-5)求出 A 类不确定度分量,以及用式(3.3-7)求出 B 类不确定分量之后,即可用式(3.3-3)求出该物理量的合成不确定度.

二、单次直接测量的不确定度评定

若对某物理量只进行单次测量,并以单次测量值作为测量结果,则无法用统计的方法求A类不确定度,此时只有B类不确定度.单次测量的B类不确定度一般取仪器的误差限,即

$$u_x = u_B = \Delta_仪 \tag{3.3-8}$$

三、直接测量的结果表示

若用不确定度来表征测量结果的可靠程度,则测量结果可写成下列标准形式:

对于多次直接测量:

$$\begin{cases} x = \overline{x} \pm u_x \text{(单位)} \\ E_r = \dfrac{u_x}{\overline{x}} \times 100\% \end{cases} \tag{3.3-9}$$

对于单次直接测量:

$$\begin{cases} x = x_1 \pm \Delta_仪 \text{(单位)} \\ E_r = \dfrac{\Delta_仪}{x_1} \times 100\% \end{cases} \tag{3.3-10}$$

上面两式中,$\overline{x}$ 为测量列的算术平均值,u_x 为合成不确定度,x_1 为单次测量值,$\Delta_仪$ 为仪器误差限,E_r 为相对不确定度.

3.3.4 间接测量结果的不确定度

间接测量结果是由一个或几个直接测量值经过公式计算得到的.如间接测量量 ω 是由独立取得的直接测量结果 $x,y,z,\cdots$ 计算出来的,即

$$\omega = f(x,y,z,\cdots) \tag{3.3-11}$$

此时直接测量值的不确定度要传递给间接测量结果,这就是不确定度的传递与合成问题.

一、间接测量结果的最佳值

在直接测量量中,我们以各直接测量量的算术平均值 $\overline{x},\overline{y},\overline{z},\cdots$ 作为测量结果的最佳值.故间接测量量 ω 的测量最佳值为

$$\overline{\omega} = f(\overline{x},\overline{y},\overline{z},\cdots) \tag{3.3-12}$$

即间接测量结果的最佳值是将各直接测量量的最佳值(算术平均值)代入函数关系式(3.3-11)而得到的.

二、间接测量不确定度的传递与合成

x 的不确定度为 u_x,y 的不确定度为 u_y,z 的不确定度为 u_z,$\cdots$,可依此类推.不确定度 $u_x,u_y,u_z,\cdots$ 都是微小的量,相当于数学中的增量,即 $\mathrm{d}x,\mathrm{d}y,\mathrm{d}z,\cdots$.间接测量量 ω 的不确定度 u_ω 可看成自变量 $x,y,z,\cdots$ 的增量 $\mathrm{d}x,\mathrm{d}y,\mathrm{d}z,\cdots$ 引起函数值 ω 的增量 $\mathrm{d}\omega$,所以间接测量结果的不确定度的评定方法可参照数学中的全微分公式.

单考虑 x 的不确定度 u_x 的影响,该公式可写成

$$(u_\omega)_x \approx \left(\frac{\partial \omega}{\partial x}\right) \cdot u_x \tag{3.3-13}$$

单考虑 y 的不确定度 u_y 的影响,该公式可写成

$$(u_\omega)_y \approx \left(\frac{\partial \omega}{\partial y}\right) \cdot u_y \tag{3.3-14}$$

单考虑 z 的不确定度 u_z 的影响,该公式可写成

$$(u_\omega)_z \approx \left(\frac{\partial \omega}{\partial z}\right) \cdot u_z \tag{3.3-15}$$

依此类推.

然后,把它们用"方和根"的方法合成起来作为间接测量量 ω 的总不确定度 u_ω,可写成

$$u_\omega = \sqrt{\left(\frac{\partial \omega}{\partial x}\right)^2 \cdot u_x^2 + \left(\frac{\partial \omega}{\partial y}\right)^2 \cdot u_y^2 + \left(\frac{\partial \omega}{\partial z}\right)^2 \cdot u_z^2 + \cdots} \tag{3.3-16}$$

式中,$\left(\frac{\partial \omega}{\partial x}\right)$,$\left(\frac{\partial \omega}{\partial y}\right)$,$\left(\frac{\partial \omega}{\partial z}\right)$ 称为传递系数.

ω 的相对不确定度为

$$E_r = \frac{u_\omega}{\omega} = \sqrt{\left(\frac{\partial \ln\omega}{\partial x}\right)^2 \cdot u_x^2 + \left(\frac{\partial \ln\omega}{\partial y}\right)^2 \cdot u_y^2 + \left(\frac{\partial \ln\omega}{\partial z}\right)^2 \cdot u_z^2 + \cdots} \tag{3.3-17}$$

由上面两式可见,间接测量量的总不确定度 u_ω 和相对不确定度 E_r,不仅与各直接测量量的总不确定度 $(u_x, u_y, u_z, \cdots)$ 有关,还与传递系数 $\left(\frac{\partial \omega}{\partial x}, \frac{\partial \omega}{\partial y}, \frac{\partial \omega}{\partial z}, \cdots\right)$ 有关.

三、常用函数的不确定度传递公式

为了使用方便,这里将常用函数的不确定度计算公式列入表 3.3-3 中.在计算不确定度时,能够从表中查到的公式就不必再推导了.

表 3.3-3 常用函数的不确定度的传递公式

函数的表达式	不确定度的传递公式
$\omega = x \pm y$	$u_\omega = \sqrt{u_x^2 + u_y^2}$
$\omega = xy$	$\dfrac{u_\omega}{\omega} = \sqrt{\left(\dfrac{u_x}{x}\right)^2 + \left(\dfrac{u_y}{y}\right)^2}$
$\omega = \dfrac{x}{y}$	$\dfrac{u_\omega}{\omega} = \sqrt{\left(\dfrac{u_x}{x}\right)^2 + \left(\dfrac{u_y}{y}\right)^2}$
$\omega = \dfrac{x^k y^m}{z^n}$	$\dfrac{u_\omega}{\omega} = \sqrt{k^2\left(\dfrac{u_x}{x}\right)^2 + m^2\left(\dfrac{u_y}{y}\right)^2 + n^2\left(\dfrac{u_z}{z}\right)^2}$
$\omega = kx$	$u_\omega = ku_x$; $\dfrac{u_\omega}{\omega} = \dfrac{u_x}{x}$
$\omega = \sqrt[k]{x}$	$\dfrac{u_\omega}{\omega} = \dfrac{1}{k}\dfrac{u_x}{x}$
$\omega = \sin x$	$u_\omega = u_x \cdot \cos x$
$\omega = \ln x$	$u_\omega = \dfrac{u_x}{x}$

四、间接测量结果的表示

间接测量量 ω 的测量结果应表示为

$$\begin{cases} \omega = \overline{\omega} \pm u_{\omega} \text{（单位）} \\ E_r = \dfrac{u_{\omega}}{\omega} \times 100\% \end{cases} \quad (3.3\text{-}18)$$

式中,$\overline{\omega}$ 是间接测量量 ω 的测量最佳值,u_{ω} 是 ω 的总不确定度,E_r 是 ω 的相对不确定度.

3.4　有效数字及其运算规则

任何物理量的测量都存在误差.当用仪器对某直接测量量进行测量时,表示该测量结果的数值位数不应随意选取,而应能够正确反映出本次测量的精度.同时,当我们利用公式计算间接测量量的结果时,数据计算通常会有一定的近似性.其计算结果的精度既不必超过公式中直接测量量的精度,也不能损失掉原有的精度,即间接测量量的精度必须与公式中直接测量量的精度相适应.

3.4.1　有效数字的概念

为了正确而有效地表示测量结果,我们引入有效数字的概念.有效数字由若干位可靠数字加上一位可疑数字组成.

在使用仪器对物理量进行测量时,能准确读到仪器的最小分度值,这部分数字称为可靠数字(或准确数字).最小分度值以下,一般还可以再估读一位.估读位带有一定的误差,因而称为可疑数字(或存疑数字).

有效数字的位数从左往右数,遇到第一位不为零的数字开始计数直到最后一位数字.出现在第一个非零数字左边的"0"不是有效数字,出现在它右边的"0"全部都是有效数字.例如,0.058 cm 有两位有效数字,0.008 80 s 有三位有效数字,6.180 m 有四位有效数字.又如,不能将 2.350 0 cm 写作 2.35 cm,因为前者有五位有效数字,后者有三位有效数字,它们的准确程度是不同的.

如图 3.4-1 所示,用最小分度为 1 mm 的米尺测量一物体的长度,发现物体的长度位于 25 mm 与 26 mm 刻度线之间,该物体长度的测量值记为 $L = 25.4$ mm 或 $L = 25.5$ mm.其中,测量值的前两位数 25 mm 是根据米尺刻度直接读出来的,因而是可靠数字;而最后一位数是估读出来的,因而是可疑数字.虽然估读的结果会因人而异或因测量次数而异,但它们都是有意义的.$L = 25.4$ mm 或 $L = 25.5$ mm 表明该测量值有三位有效数字.

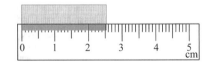

图 3.4-1　用最小分度为 1 mm 的米尺测量物体的长度

一个被测量能取多少位有效数字,与测量仪器的精度有关.例如,用最小分度为 1 cm 的米尺测量同一个物体的长度,此时我们发现该物体的长度位于 2 cm 和 3 cm 刻度线之间(图 3.4-2).在 2 cm 和 3 cm 之间再估读一位,则该物体长度的测量值可记为 $L = 2.5$ cm 或

$L=2.6$ cm,此时该测量值仅有两位有效数字.可见,测量同一个被测量时,所用仪器的精度不同,有效数字的位数就不同.如果想要测量值的有效数字的位数更多,则应该选择精度更高的测量仪器.

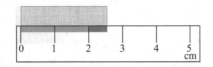

图 3.4-2　用最小分度为 1 cm 的米尺测量物体的长度

有效数字的位数不能随意增减,且与所采用的单位(或小数点的位置)无关.例如,在十进制单位换算中,长度 $L=524.8$ mm$=52.48$ cm$=0.524\ 8$ m,这三种结果都是等价的,它们都是四位有效数字.但是,当采用的单位变小时,不能在实验数据的右边随意加"0".比如,上面的数值如果以 nm 为单位时,不能写作 524 800 000 nm,因为这样就改变了有效数字的位数.为了保证有效数字的位数不变,通常以科学记数法表示,将上面的数据写为 5.248×10^{8} nm.

3.4.2　有效数字的运算规则

有效数字运算总的原则:可靠数字与可靠数字运算后仍为可靠数字,可疑数字与任何数字运算后均为可疑数字,在运算过程中的中间数据可以保留一位或两位可疑数字,但最终运算结果的末位应与不确定度的末位对齐.

由于不确定度是对测量误差大小的评估,故其结果没有可靠数字,而仅有可疑数字.因此,绝对不确定度的有效数字只取一位(即仅由可疑数字组成).当相对不确定度小于 1‰时,保留一位有效数字;当相对不确定度大于 1‰时,最多保留两位有效数字.对于上文有效数字运算总的原则中提到的"最终运算结果的末位应与不确定度的末位对齐",我们在此举例说明.例如,某单摆的周期测得为 $\overline{T}=2.628$ s,通过计算得到的不确定度 $u_{\overline{T}}=0.2$ s,可以发现测量值 $\overline{T}$ 小数点后有三位,不确定度 $u_{\overline{T}}$ 小数点后仅有一位,根据"最终运算结果的末位应与不确定度的末位对齐"的运算原则,最终运算结果应表示为 $T=(2.6\pm0.2)$ s.

一、加减运算

几个数相加(或相减)时,其和(或差)数在小数点后所应保留的有效数字的位数与这几个数中小数点后位数最少的一个相同.例如:

$$\begin{array}{r} 30.\underline{2} \\ +\quad 5.168 \\ \hline 35.\underline{368}\rightarrow35.4 \end{array}$$

二、乘除运算

几个数相乘(或相除)后,其结果有效数字的位数与参加运算的各数中有效数字位数最少的一个相同.例如:

$$
\begin{array}{r}
5.16\underline{5} \\
\times\quad 10.1 \\
\hline
5\ 1\ 6\ 5 \\
5\ 1\ 6\ 5 \\
\hline
5\ 2.1\ \underline{6}\ 6\ 5 \quad\rightarrow 52.2
\end{array}
$$

三、乘方与开方

某数的乘方(或开方)的有效数字位数与其底数的有效数字位数相同.例如:

$$(10\underline{2})^2 = 1.04 \times 10^4$$

$$\sqrt{10.1\underline{7}} = 3.18\underline{9}$$

四、函数运算

(一)对数函数

对数函数($\lg x$,$\ln x$ 等,其中 x 为真数)运算结果的有效数字中,小数部分的位数与真数的位数相同.例如:

$$\lg 4.55 = 0.658$$

$$\lg 4\ 550 = 3.658\ 0$$

(二)指数函数

指数函数(2^x,10^x 等,其中 x 为指数)运算结果通常采用科学记数法.小数点前保留一位非零数,小数点后保留的位数与指数小数点后的位数相同.例如:

$$2^{8.25} = 3.04 \times 10^2$$

$$10^{7.8} = 6.3 \times 10^7$$

(三)三角函数

三角函数运算结果的有效数字位数与角度的有效数字位数相同.一般用分光仪读角度时,若读到 $1'$,此时,应取四位有效数字.例如:

$$\sin 30°00' = 0.5,\text{取成 } 0.500\ 0$$

$$\cos 26°16' = 0.938\ 070\ 461,\text{取成 } 0.938\ 1$$

五、常数

在运算过程中,我们还可能碰到一些常数,如 π,e,$\sqrt{2}$ 等.这些常数的有效数字位数可认为是无限的.但在实际运算中,通常比其他参与运算的有效数字位数最少的数多取一位有效数字即可.

例如,某圆的半径 $R = 2.86$ cm 时,试计算该圆的面积 S.

由 $S = \pi R^2$,当 $R = 2.86$ cm 时(三位有效数字),π 应取 3.142(四位有效数字),计算可得 $S = 25.7$ cm^2(保留三位有效数字).

3.4.3　修约法则

一、有效数字的修约法则

在物理实验中,有效数字尾数的舍入规则是"四舍六入,五凑偶".

例如,将下列数据修约到千分位:

$$3.141\ 69 \to 3.142(大于5入)$$
$$2.718\ 39 \to 2.718(小于5舍)$$
$$2.345\ 50 \to 2.346(等于5,末位凑成偶数)$$
$$0.376\ 5 \to 0.376(等于5,末位凑成偶数)$$

二、不确定度的修约法则

无论是绝对不确定度,还是相对不确定度,都采用"只入不舍"的原则,但当不确定度中第一位非零数字后面紧接的是"0"时则不进位.例如:

$$u = 0.023\ 1 \to u = 0.03$$
$$u = 0.406 \to u = 0.4$$
$$E = 1.23\% \to E = 1.3\%$$
$$E = 0.306\% \to E = 0.3\%$$

3.5　实验数据的分析和处理

3.5.1　实验数据的分析和可疑数据的处理

做实验前一定要熟悉实验理论和条件,明确要观察的现象,懂得正确使用仪器.在实验过程中未严格按操作规程,或读数错误,或计算错误,等等,都有可能导致测量结果出现大的差异甚至错误.实验者不能只顾观测而忽视数据分析,应养成一边观测一边分析思考的良好习惯,尽早发现错误,正确处理好可疑数据.

例如,在测量单摆周期的实验中,测出 50 个周期的时间分别为 99.2 s,97.6 s,98.8 s.从数据可以分析出摆的周期接近 2 s,但是前两个数据相差 1.6 s,后两个数据相差 1.2 s.显然这样大的差异不能用操作时手按秒表稍许提前或滞后去解释,只能说明测量有错误.

在一组数据中,有时有一两个数据与大部分数据相比差异较大.如果用简单的数据分析不能判定它是不是错误数据,就可以借助误差理论.误差理论中有多种处理可疑数据的判据,如格罗布斯判据.

3.5.2　测量结果的质量评价

在规定条件下对同一物理量进行多次重复测量时,通常可以用精密度、正确度和精确度来评价实验测量结果的优劣.

一、精密度

精密度是指各测量值之间彼此接近的程度.精密度越高,说明各测量值越接近,重复性越大,随机误差越小.

二、正确度

正确度是指各次测量结果与真值的接近程度.正确度越高,说明测量值越接近真值,系统误差越小.

三、精确度

精确度是测量量的精密度与正确度的总称,指测量结果的重复性与接近真值的好坏程度,用于综合评价测量结果中系统误差与随机误差的大小.显然,只有越接近真值,而且彼此离散程度不大的一组数据,也就是测量精确度高的数据,才是好的测量数据.

可以用打靶时子弹着靶点的位置及分布来形象地理解,如图 3.5-1 所示,靶心代表被测量的真值,子弹在靶子上的位置代表各测量值.子弹均匀落在靶心的周围,但比较分散,说明射击的准确度较高,而精密度较低;子弹位置比较集中,但都偏离靶心,说明射击的精密度较高,但准确度较低;子弹都集中在靶心的周围,说明射击的精密度和准确度都较高,即精确度较高.

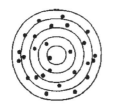  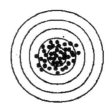

(a) 准确度较高、精密度较低   (b) 准确度较低、精密度较高   (c) 准确度、精密度均较高

图 3.5-1　子弹着靶点

3.6　数据处理的基本方法

在实验测量过程中,我们会获得各种原始数据,为了达到实验目的,必须对原始数据进行正确的记录、整理、计算、作图、分析、归纳等处理.数据处理是物理实验的一个重要组成部分,主要有列表法、作图法、逐差法、最小二乘法等.

3.6.1　列表法

当对一个物理量进行多次测量,或者需要研究几个量之间的函数关系时,可以设计一份合理的表格,将原始数据、处理的结果等一一对应地记录在表格中.这就是列表法.

列表记录、处理数据是一种良好的科学工作习惯.这种方法将大量数据简明醒目地集中在一起,表示出物理量之间的对应关系,有助于发现实验中的问题.从表中可清晰直观地分析和发现多个物理量之间的相互关系和规律,同时还为进一步用其他方法处理数据创造了条件.

数据表格没有统一的格式,设计时一般应遵从以下原则:

(一)写明数据表格的名称

表格上方要写出表格序号和名称,名称要完整清晰,一般按先后顺序给表格编号.

(二)根据实验内容合理设计表格形式

1.明确要测量和计算哪些物理量,标明各标题栏目(纵或横)物理量的名称、符号、单位、数量级等.若名称用自定义的符号,则需加以说明.

2.各栏目排列的顺序要根据测量的先后次序、测量次数及测量量之间的关系设计,力求简明、齐全,便于体现物理量之间的对应关系.

3.表格中除原始数据外,处理过程中的一些重要中间计算结果也应列入表中,如平均值、间接测量结果、不确定度等,应按计算顺序设计填写,且同一物理量尽量在同一行(或列)记录.

4.反映测量值函数关系的数据表格应按自变量由小到大或由大到小的顺序排列,以便判断和处理.

（三）数据填入和处理

将测量和计算的数据按栏目依次填入表格中,表中所填的各种数据应为有效数字.表格所列数据要正确反映测量数据的有效数字,以正确反映所用仪器的准确度.数据书写必须整齐清楚,不能随意涂改.确实要修改数据时,应在原来数据上画杠.

（四）提供必要的说明

必要时,提供与表中内容有关的说明,列于表格上部标题下方或表格的下部,如实验时的温度、湿度、大气压、物理量的初值、仪器误差限、单次测量的数据、计算过程中用到的物理常数和其他无法或没有必要列入表格的数据等.

3.6.2　作图法

作图法就是在坐标纸上通过描点、连线等方式,把测量得到的一系列有自变量和因变量关系的数据用曲线（或直线）直观地表示出来.作图法反映了物理量之间的变化规律.我们还可以从所画图线中寻找相应的经验公式.

一、作图法的步骤及要求

1.选择合适的坐标纸:常用的有直角坐标纸（毫米方格纸）、对数坐标纸、极坐标纸等.

2.确定坐标轴:一般横坐标（x 轴）代表自变量,纵坐标（y 轴）代表因变量,注明各坐标轴代表的物理量名称（或符号）,在括号内写上单位.

3.坐标轴的分度:以不损失实验测量数据的有效位数为依据,数据中的准确数字在图上也是准确的,即原则上坐标轴的最小分度应该对应于数据中可靠数字的最后一位,误差位在坐标轴上的最小分度之间.标度应划分得当,以不用计算就能直接读出图线上每一点的坐标为宜.

两个坐标轴的比例不一定取为相同,坐标原点也不一定从零开始.如果数据特别大或特别小,我们可以提出乘积因子,如 $\times 10^n$,n 为正负整数,尽量使图线占据整张坐标纸大部分,这样既美观,又能减小作图产生的误差.

4.描点:为醒目起见,可选择"$+$""$\times$""$\triangle$""$\triangledown$""$\odot$"等符号标出数据在图中的位置.若在同一图纸上画几条曲线,每条曲线上的数据点要用不同的符号加以区分,并在图纸上的空白位置注明符号所代表的内容.

5.连线:一般把各数据点连成直线或光滑的曲线.连线时应尽量使所有数据点靠近图线并均匀分布于图线两侧（严重偏离图线的某些点可以舍弃）.

6.加注解和说明:在图的明显位置写出图名,在图的边缘处可注明作图人的姓名、作图日期和必要的文字说明等.

二、作图法的应用

利用已作好的图线,定量地求得待测量或得出经验公式,称为图解法.

1.图线为直线时,求出斜率、截距和直线方程.

如果实验曲线为一条直线,则经验公式为直线方程,即

$$y = Ax + B \tag{3.6-1}$$

通常在直线的两端任取两点 (x_1, y_1),(x_2, y_2)（一般不用实验点,而是在所画的直线上

选取),并用与实验点不同的记号表示,在记号旁注明其坐标值.这两点应尽量分开些,距离适中.

将两点的坐标代入式(3.6-1),可得直线的斜率为

$$A = \frac{y_2 - y_1}{x_2 - x_1} \tag{3.6-2}$$

截距为

$$B = \frac{x_2 y_1 - x_1 y_2}{x_2 - x_1} \tag{3.6-3}$$

2. 用直线表示曲线关系(曲线改直).

当物理量之间的函数关系为曲线时,在某些情况下,我们可对变量进行变换,将曲线的函数关系变为线性函数关系.这种方法称为曲线改直.例如,研究弦线上的驻波实验.

3. 内插和外推.

利用所画的实验图线读出测量范围内没有观测的点的数据,称为内插法.还可以从图线向外延伸至测量范围以外的部分,称为外推法.当然测量范围内的物理规律在外延范围内也必须是成立的.

3.6.3　逐差法

由误差理论可知,算术平均值最接近真值,因此实验中应进行多次测量.但是,当自变量与因变量呈线性关系($y = kx + b$)且自变量等间距变化时,如果把实验测得的数据进行逐项相减,然后再求平均值,就会使中间测量数据两两抵消,失去多次测量求平均值的意义.这时可使用逐差法处理数据,计算当自变量 x 等间距变化时因变量 y 变化的平均值.

逐差法具体操作是把实验测得的数据分为两组,并将两组数据中的对应项分别相减,然后再求平均值.逐差法可以充分利用实验测得的每一个数据,达到对数据取平均值(即保持多次测量的优越性)、减少误差的效果.

例如,在用拉伸法测金属丝杨氏弹性模量的实验中,就可用逐差法处理数据.实验中需要求出金属丝受外力(砝码均匀增加)后的伸长量,其位置可由标尺读出,用 n 表示.实验中每次加 1 kg 砝码,读数依次是 $n_1, n_2, n_3, n_4, n_5, n_6$.

(1) 将测量得到的数据(偶数个)按顺序排列后平分为前后两组 n_1, n_2, n_3 和 n_4, n_5, n_6.

(2) 求出两组中对应项的差值,即求逐差 $n_4 - n_1, n_5 - n_2, n_6 - n_3$.

(3) 求逐差的平均值,即

$$\overline{\Delta n} = \frac{1}{3}\left[(n_4 - n_1) + (n_5 - n_2) + (n_6 - n_3)\right] \tag{3.6-4}$$

3.6.4　最小二乘法和线性拟合

用作图法处理数据时,描绘实验曲线是实验者根据标在图上的实验点人工拟合的,存在一定的主观随意性.对同一组测量数据,不同实验者作图,所得结果往往是不同的,因而实验曲线往往不是最佳的.下面介绍一种利用最小二乘法通过严格的数学方法来确定唯一和最佳拟合曲线的方法,这种方法也称为方程的回归,该曲线方程称为回归方程.下面以一元线性回归为例.

　　首先要确定函数的形式,如果推测出自变量 x 与物理量 y 之间服从线性关系,则可将函数形式写成

$$y = Ax + B \tag{3.6-5}$$

其中,A,B 是待定常数,上式称为线性回归方程.由于自变量 x 只有一个,所以该方程称为一元线性回归方程.这是方程回归中最简单和最基本的问题.

　　最小二乘法的目的是用实验数据来确定方程中的待定常数.在一元线性回归中确定常数 A 和 B 相当于在作图法中求直线的斜率 A 和截距 B.

　　假设由实验测得一组数据 $(x_i, y_i)(i=1,2,\cdots,n)$,在 A,B 确定后,如果实验没有误差,则把数据分别代入式(3.6-5),方程左右两边应该相等,即每一组数据确定的点都正好落在直线上.但实际上,测量总是伴随着误差,与某一个 x_i 相对应的 y_i 与直线在 y 方向的偏差为

$$\delta_i = y_i - y = y_i - Ax_i - B \tag{3.6-6}$$

　　现在要利用方程(3.6-5)来确定系数 A 和 B,得到一条最佳拟合直线,而这 n 个偏差大小不一,因此只能要求总的偏差最小,即偏差的平方和 $\sum_{i=1}^{n}\delta_i^2$ 为最小.这种处理数据的方法要满足偏差的平方和为最小,所以称为最小二乘法.

　　令偏差的平方和为 S,由式(3.6-6),得

$$S = \sum_{i=1}^{n}\delta_i^2 = \sum_{i=1}^{n}(y_i - Ax_i - B)^2 \tag{3.6-7}$$

　　使 S 最小必须满足的条件是分别对 A 和 B 求偏微分并令其为零,得

$$\frac{\partial S}{\partial A} = -2\sum_{i=1}^{n}(y_i - Ax_i - B)x_i = 0$$

$$\frac{\partial S}{\partial B} = -2\sum_{i=1}^{n}(y_i - Ax_i - B) = 0 \tag{3.6-8}$$

　　令 $\overline{x}$ 表示 x 的平均值,即 $\overline{x} = \frac{1}{n}\sum_{i=1}^{n}x_i$;令 $\overline{y}$ 表示 y 的平均值,即 $\overline{y} = \frac{1}{n}\sum_{i=1}^{n}y_i$;令 $\overline{x^2}$ 表示 x^2 的平均值,即 $\overline{x^2} = \frac{1}{n}\sum_{i=1}^{n}x_i^2$;令 $\overline{y^2}$ 表示 y^2 的平均值,即 $\overline{y^2} = \frac{1}{n}\sum_{i=1}^{n}y_i^2$;令 $\overline{xy}$ 表示 xy 的平均值,即 $\overline{xy} = \frac{1}{n}\sum_{i=1}^{n}x_i y_i$.

　　解方程,得

$$A = \frac{\overline{xy} - \overline{x}\,\overline{y}}{\overline{x^2} - \overline{x}^2} \tag{3.6-9}$$

$$B = \overline{y} - A\overline{x}$$

　　再对式(3.6-7)求二阶偏导数,得

$$\frac{\partial^2 S}{\partial A^2} = 2\sum_{i=1}^{n}x_i^2 > 0$$

$$\frac{\partial^2 S}{\partial B^2} = 2n > 0 \tag{3.6-10}$$

　　可见 S 对 A 和 B 的二阶导数均大于零,说明当取式(3.6-9)中的 A 和 B 为拟合直线的

斜率和截距时,S 为最小值.需要注意的是,上面讨论的多次测量为等精度测量.

在待定参数 A 和 B 确定后,为了判断所得的结果是否合理,通常用相关系数 r 来检验,对于一元线性回归,r 定义为

$$r = \frac{\overline{xy} - \overline{x}\,\overline{y}}{\sqrt{(\overline{x^2} - \overline{x}^2)(\overline{y^2} - \overline{y}^2)}} \tag{3.6-11}$$

$|r|$ 越接近 1,说明实验数据点越密集地分布在拟合直线的附近,用最小二乘法是合适的;$r = \pm 1$,表示变量 x,y 呈完全线性相关,拟合直线通过全部测量点.$|r|$ 越小,线性越差;$r = 0$,则表示 x 与 y 完全不相关.

用最小二乘法处理数据,虽然计算公式复杂,数据处理量较大,但结果准确,误差小,在计算机上用 Excel 等软件也能方便地得到回归方程和图线.

3.6.5 用 Excel 软件进行数据处理

Excel 功能非常强大.下面简要介绍其函数功能和图表功能,以便为实验数据处理提供方便.

一、函数功能

Excel 中有许多内置的公式,被称为函数.在常用工具栏中单击"f_x",可打开相应的对话框,选择函数进行简单的计算或将函数组合后进行复杂的运算,还可以在单元格中直接输入函数进行计算.常用的一些函数有:

1. 求和函数. 如"=SUM(B1,B2,B3)"或"=SUM(B1:B3)",表示求 B1,B2,B3 的和.

2. 求平均值函数. 如"=AVERAGE(B1:B3)",表示求 B1,B2,B3 的平均值.

3. 求最大值函数. 如"=MAX(B1:B3)",表示求 B1,B2,B3 中的最大值.

4. 求最小值函数. 如"=MIN(B1:B3)",表示求 B1,B2,B3 中的最小值.

5. 求标准偏差.如"=STDEV(B1:B5)",表示求 B1,B2,B3,B4,B5 的标准偏差 S.

6. 直线方程的斜率函数 SLOPE.

7. 直线方程的截距函数 INTERCEPT.

还有部分数学函数,如 SIN(正弦)、COS(余弦)、TAN(正切)、SQRT(平方根)、POWET(乘幂)、LN(自然对数)、LOG10(常用对数)、EXP(e 的乘幂)等.

二、图表功能

Excel 的图表功能为实验数据处理的作图、拟合直线、拟合曲线、拟合方程和相关系数平方的数值讨论带来了极大的方便.

这里以 Excel 2013 为例,其操作步骤如下:

1. 选定包含所需数据的所有单元格.

2. 单击工具栏中的"图表向导"按钮,进入"图表向导—4 步骤之 1"对话框,选出希望得到的图表类型,如 XY 散点图;再单击"下一步"按钮,按其要求完成对话框内容的输入;最后单击"完成"按钮,便可得到图表.

3. 选中图表并单击"图表"主菜单,单击"添加趋势线"命令.

4. 单击"类型"标签,选择"线性"等类型中的一个.

5. 单击"选项"标签,可选中"显示公式""显示 R 平方值"复选框,单击"确定"按钮,便可得到拟合直线或曲线、拟合方程和相关系数平方的数值.

3.7 物理实验的基本测量设计方法

物理实验需要测量各种物理量,不同物理量的测量方法各不相同,同一物理量通常也有多种不同的测量方法.若测量方法不当,则被测对象的本质无法全面揭示,甚至有可能导致错误的结果.那如何根据实验研究的对象和仪器设备等条件,尽可能地减小系统误差和随机误差,使获得的测量值更为精确呢? 需要设计测量方法.下面介绍几种基本的测量方法.

3.7.1 积累法

当对某些物理量,如一张纸的厚度、等厚干涉相邻明条纹的间隔、单摆的周期等进行单次测量时,由于现有仪器的准确度或人的判断能力限制等,可能会有较大的误差产生.若将这些物理量积累后求平均值,则可以减小误差.这就是积累法.

例如,要测一张书纸的厚度,可先测全部书纸的总厚度,然后再除以纸张数.再如,用秒表测单摆或三线摆的周期时,不直接测一次全振动的时间,而是测量 n(如 $n=100$)次全振动的总时间 $t=nT$,从而求出周期 $T=\dfrac{t}{n}$.

3.7.2 控制法

一些实验中往往存在多种变化因素.为了研究某些量之间的关系,我们可以先控制一些量不变,依次研究某一个因素的影响.例如,在弦振动的研究实验中,为了验证驻波波长 λ 与弦线中的张力 T 及振动频率 f 三者的关系,可以先保持 f 不变,研究 λ 与 T 的关系;而研究 λ 与 f 的关系时,可保持 T 不变.

3.7.3 放大法

某些物理量很小,或在实验中物理量的变化很小,以至于难以被实验者或仪器直接感觉和反映时,可将被测量按照一定的规律加以放大,进而可以测量,同时又能减小误差.这种方法被称为放大法.常用的放大法有机械放大法、光学放大法、电学放大法.积累法其实也是一种放大法.

一、机械放大法

机械放大法是指利用部件之间的几何关系,使标准单位量在测量过程中得到放大的方法.机械放大法可以提高测量仪器的分辨率,提高测量精度,如游标卡尺、螺旋测微器.

二、光学放大法

利用放大镜、显微镜、望远镜等光学装置放大视角形成放大像,便于观察和判别,从而提高测量精度的方法称为光学放大法.使用光学装置将待测微小物理量进行间接放大,通过测量放大了的物理量来获得微小物理量.例如,用拉伸法测量金属丝的杨氏弹性模量中的光杠杆放大法;卡文迪许设计的测量万有引力的著名扭秤装置,正是巧妙地运用了光点反射放大法.

三、电学放大法

物理实验中要对微弱的电信号(电流、电压或功率)进行有效的观察和测量,或利用微弱的电信号去控制某些机械的动作时常采用放大线路.例如,三极管可对微小电流进行放大,示波器中包含了电压放大电路.

由于电信号放大技术成熟且易于实现,人们常将其他非电学量转换为电学量,再将该电学量放大后进行测量.例如,利用光电效应法测普朗克常量的实验,是将微弱光信号先转换为电信号再放大后进行测量.

3.7.4 转换法

在实验中某些物理量不容易直接测量,或某些现象直接显示有困难,我们可以根据物理量之间的各种联系,把待测量转换成其他量进行间接观察和测量,之后再反求待测物理量,这就是转换法.有些物理量之间存在多种关系,则对应的转换法也有多种.转换法一般可分为参量转换法和能量转换法.

一、参量转换法

利用物理量之间的某种变换关系来测量某一物理量的方法称为参量转换法.如用伏安法测电阻是根据欧姆定律,将对电阻的测量转变为对电流和电压的测量;用劈尖干涉法测细丝的直径,是将其转变为测量劈尖干涉条纹的间距;用拉伸法测金属丝的杨氏弹性模量等实验中也有用到.这种方法几乎贯穿于整个物理实验之中.

二、能量转换法

能量转换法是指将某种形式的物理量通过能量转换器变成另一种形式的物理量进行测量的方法.很多测量是将非电学量,如位移、速度、加速度、压强、温度、光强等,通过各种传感器和敏感器件转换为电学量的测量,如用热电偶测量温度、用霍尔效应法测量磁场等.最常见的有光电转换、磁电转换、热电转换、压电转换.

3.7.5 平衡法

平衡法是利用物理学中平衡的概念,用一个量的作用与另一个(或几个)量的作用相同、相当或相反来设计实验,制作仪器,进行测量.在平衡法中,并不研究被测物理量本身,而是将它与一个已知物理量或参考量进行比较,用已知量来描述待测物理量.例如,弹簧秤的设计利用了力学平衡,天平的设计利用了力矩的平衡,温度计的设计利用了热的平衡,惠斯通电桥和电位差计则利用了电路的平衡,等等.

3.7.6 比较法

比较法就是将被测量与已知的标准量进行直接或间接比较而得到测量值的方法.例如,用米尺测量某物体的长度.比较法是物理测量中最普遍、最基本、最常用的测量方法.所有的测量从广义上讲都属于比较测量.

比较的形式灵活多样:可以比较某物理现象在实验时间内前后的变化情况,可以同时对几类物理现象、变化过程进行比较,也可以比较同一对象中不同条件下的变化情况,等等,从而找出研究对象之间的同一性和差异性.例如,自感实验,就是通过电感支路和电阻支路在通电时两灯泡发亮的先后比较,来说明线圈在通过自身的电流发生变化时会产生感生电动势,阻碍电流的变化.

比较法分为直接比较法和间接比较法.将被测量与同类物理量的标准量进行比较称为

直接比较法.直接比较法中标准量和被测量的量纲相同.例如,用米尺测量长度,用秒表测量时间,一般不需要繁杂运算即可得到结果;用天平称质量,只要天平平衡,砝码质量就是被测物体的质量.

许多物理量无法通过直接比较法而测出.利用物理量之间的函数关系制成与标准量相关的仪器,再将这些仪器的测量结果与被测量进行比较,来间接实现比较测量,这种方法称为间接比较法.例如,温度计是利用物体体积膨胀与温度的关系制成的;电流表是利用电磁力矩与游丝力矩平衡时,电流大小与电流表指针的偏转之间具有一一对应的关系而制成的.

3.7.7　留迹法

在物理实验中,有些物理现象转瞬即逝,如运动物体所处的位置、轨迹或图像等.用一定的方法将它们记录下来,然后通过测量或观察来进行研究,就是留迹法.例如,测定匀变速直线运动的加速度的实验,就是通过纸带上打出的点记录小车的位移和运动的时间,从而计算小车在各个位置或时刻的速度,并求出加速度;简谐运动实验,则是通过摆动漏斗漏出的细沙落在匀速拉动的硬纸板上而记录下各个时刻摆的位置,从而研究简谐运动的图像.用闪光照相法记录自由落体运动的轨迹,用示波器显示变化的波形,等等,也都是用留迹法进行研究的.

3.7.8　模拟法

对于一些特殊的研究对象(如过于庞大或微小、十分危险或缓慢),不适合直接研究某物理现象或过程本身的情况,可设计与被测量原型(被测物、被测现象等)有物理或数学相似的模型来进行实验.这种以相似性原理为基础的模拟法可以使被研究的物理过程再现,进而对其反复地观察和测试.

模拟法可分为物理模拟法和数学模拟法.物理模拟是使制造的模型与实际研究对象(原型)具有相似的物理过程和相似的几何形状(成比例地缩小或放大).物理模拟法具有生动形象的直观性,并可使观察的现象反复出现.比如发射人造卫星前需要在实验室进行模拟实验.模型和原型虽然在物理本质上可以无共同之处,但都遵循同样的数学规律.这样的模拟称为数学模拟.例如,根据电流场与静电场都遵守相同的数学方程式,可以用稳恒电流场来模拟静电场.

3.8　实验基本操作规程

3.8.1　力学实验操作规程

1. 爱护仪器,尤其使用力学实验中的精密测量仪器时,严禁用力过猛.
2. 注意实验安全,防止仪器碰撞身体造成人身伤害,防止所使用的导轨、配重等物品坠落,导致意外事故的发生.
3. 使用测量工具时严格按照该工具的使用说明书进行.

3.8.2 热学实验操作规程

1. 注意控制温度,不要超过实验规定的温度范围值.
2. 防止过热、过冷,损坏仪器,当仪器处于开启状态时禁止离开.
3. 注意实验安全,防止烫伤或蒸汽灼伤.

3.8.3 光学实验操作规程

光学仪器在各行各业被广泛运用.光学仪器精准度高、价格昂贵、使用条件严格.使用光学仪器时,对它们的光学性能有较高的要求(如表面光洁平整,平行度、透过率等达到一定的要求).由此可知,若想使光学仪器的使用年限得到保障,需要对其进行有效维护与保养.使用与维护光学仪器时,必须遵守以下规则:

1. 注意正确使用光学仪器,必须在了解仪器使用方法、操作要求后才能使用仪器.
2. 为减少光学仪器使用过程中不必要的磨损,必须轻拿轻放,勿使仪器受到冲击或者震动.
3. 需尽量避免污损、腐蚀光学仪器,不允许用手接触光学表面.若必须用手拿放时,手只能接触非光学表面(磨砂面、棱镜边缘或棱镜底面等).除实验要求或规定外,光学表面不可接触任意溶液.
4. 光学元件表面若有轻微污渍、指印,可用适配的清洁纸轻轻拂去,不可加压擦拭,更不允许用纸巾、衣物、普通纸片、手帕等进行擦拭.若表面污痕严重,需由实验室管理人员用丙酮、酒精等清洗.所有镀膜元件均不可触碰、擦拭.
5. 在调节仪器的过程中需耐心细致,动作要轻、慢,不可盲目、粗鲁操作.可根据实验原理一边观察实验现象,一边做合理调整.不能超过仪器行程范围,否则将会大大降低其精度.使用完毕后,所有的定位螺丝必须松开.
6. 在暗室中完成实验时,需先熟悉暗室环境、各种仪器的摆放位置.在摸索实验仪器时,动作要轻缓,手要贴着桌面慢慢摸索,避免碰倒、带落仪器.
7. 仪器使用完毕,应放回指定箱内(置于干燥环境,防止受潮发霉),或加防尘罩,防止灰尘沾污.
8. 仪器储存时间较长,需定期进行润滑、防尘、防锈、防潮等维护.
9. 光学仪器装配精密,拆卸后难以复原,不可私自拆卸.
10. 在光学实验中用眼的机会很多,因此,要注意保护眼睛,绝对不能用眼睛直接观看激光束,以免灼伤视网膜.

3.8.4 电磁学实验操作规程

在做电磁学实验的过程中要特别注意用电安全,保证人身安全,谨防触电事故的发生.
1. 接、拆线路必须在断电状态下进行.
2. 按照实验原理电路图,合理摆放仪器位置,将开关放在最易操作的地方,以便连接、检查、操作和读取数据.
3. 了解测量仪器的使用方法,明确测量范围允许极限和精密程度;使用某些仪器(如电表等)前,必须调节零点,或记下零点误差.

4. 连接电路时,一般从电源的正极开始,按从高电势到低电势的顺序接线.将一个回路完全接好后再接另一个回路,切忌乱接.

5. 应检查电流表、电压表是否分别与待测电路串联、并联,正、负极连接是否正确.注意滑动变阻器的接线是否合适.电表不可超出最大量程.调节仪器旋钮或按钮不要用力过猛,旋到最大位置后不能再用力.

6. 在接通电源前,将电源输出电压和分压器输出电压均置于最小值处,将限流器接入电路部分的阻值调于最大值处,为电表选择合理的量程,确保电阻箱阻值不为零,等等.

7. 接完电路后,要仔细自查,确保无误后,经教师复查同意,方能接通电源进行操作.合上电源开关时,要密切注意各仪表是否正常工作,如果发现仪表有异常,要立即切断电源,排除故障.

8. 正确读取、记录数据,标明单位.

9. 实验完毕后,先切断电源,经教师检查实验数据并认可后,再拆除线路,整理好仪器设备.

第4章

常用仪器

4.1　力学和热学实验基本仪器

4.1.1　米尺、游标卡尺、角游标、螺旋测微器

长度测量的过程为将被测量的长度与已知长度比较,从而得到被测量的长度.常见的长度测量工具有米尺、游标卡尺、螺旋测微器等.

一、米尺

米尺(图 4.1-1)是指以厘米为计量单位测量长度的尺子,只有 1 m 的量度长度,一般为木制或者塑料制,不可弯曲.米尺通常用于教学.

二、游标卡尺

利用游标卡尺(图 4.1-2)可测量长度、内外径及深度.它主要由主尺 T 和游标 L 组成.游标可沿主尺移动.主尺一般以毫米为单位,游标上则有 10、20 或 50 个分格.根据分格的不同,游标卡尺可分为 10 分度游标卡尺、20 分度游标卡尺、50 分度游标卡尺.主

图 4.1-1　米尺

尺上有两个固定量爪 a、b,游标上有两个可随游标移动的量爪 c、d.量爪 a、c 通常用于测量待测物体的外径或者长度,量爪 b、d 可用于测量待测物体的内径.游标上有一个固定螺丝 e,在测量长度时用于将游标固定在主尺上.深度尺 f 与游标连接在一起,可用于测量待测物体的深度.

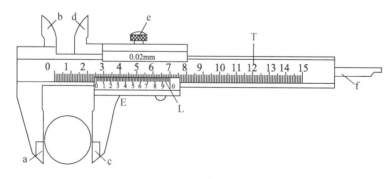

图 4.1-2　游标卡尺

10 分度游标卡尺的游标长度为 9 mm,20 分度游标卡尺的游标长度为 19 mm,50 分度

游标卡尺的游标长度为 49 mm.以 10 分度游标卡尺为例,主尺上的最小分度是 1 mm,游标上有 10 个小的等分刻度,总长 9 mm,每一分度为 0.9 mm,与主尺上的最小分度相差 0.1 mm.当量爪并拢时,主尺和游标的零刻度线对齐,它们的第一条刻度线相差 0.1 mm,第二条刻度线相差 0.2 mm……第 10 条刻度线相差 1 mm,即游标的第 10 条刻度线恰好与主尺的 9 mm 刻度线对齐.当量爪间所量物体的线度为 0.1 mm 时,游标向右应移动 0.1 mm.这时它的第 1 条刻度线恰好与主尺的 1 mm 刻度线对齐.同样,当游标的第五条刻度线跟主尺的 5 mm 刻度线对齐时,说明两量爪之间有 0.5 mm 的宽度,依此类推.在测量大于 1 mm 的长度时,整的毫米数要从游标"0"线与主尺相对的刻度线读出,再观察游标上哪一条刻度线与主尺上哪一条刻度线对齐,从而得出小数部分.然后整数部分和小数部分相加,得到测量结果.

如图 4.1-3(a)所示,游标上格数为 10,可知此游标卡尺为 10 分度游标卡尺.游标"0"线与主尺对应刻度为 22,游标上第 7 条刻度线与主尺上的某一刻度线对齐,所以读数为 $(22 \times 1 + 7 \times 0.1)$ mm $=$ 22.7 mm.

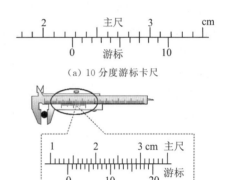

(a) 10 分度游标卡尺

如图 4.1-3(b)所示,游标上格数为 20,可知此游标卡尺为 20 分度游标卡尺.主尺上的最小分度是 1 mm,游标尺上有 20 个小的等分刻度,总长 19 mm,每一分度为 0.95 mm,与主尺上的最小分度相差 0.05 mm.游标"0"线与主尺对应刻度为 13,游标上第 17 条刻度线与主尺上某一刻度线对齐,所以读数为 $(13 \times 1 + 17 \times 0.05)$ mm $=$ 13.85 mm.

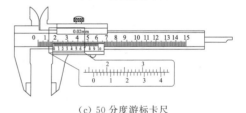

(b) 20 分度游标卡尺

如图 4.1-3(c)所示,游标上格数为 50,可知此游标卡尺为 50 分度游标卡尺.主尺上的最小分度是 1 mm,游标尺上有 50 个小的等分刻度,总长 49 mm,每一分度为 0.98 mm,与主尺上的最小

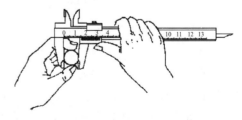

(c) 50 分度游标卡尺

图 4.1-3　游标卡尺读数举例

分度相差 0.02 mm.游标"0"线与主尺对应刻度为 16,游标上第 6 条刻度线与主尺上某一刻度线对齐,所以读数为 $(16 \times 1 + 6 \times 0.02)$ mm $=$ 16.12 mm.

使用游标卡尺时应注意以下几点:

(1) 测量前将量爪并拢,查看游标与主尺的零刻度线是否对齐,如果对齐就可以测量;如果不对齐,则需要读出此时的读数,实际修正后读数等于最终读数减去测量前的读数.

(2) 使用游标卡尺测量待测物体的长度时,先使量爪的距离大于被测物体的长度,再缓慢移动量爪,直至量爪与待测物体轻微接触,略旋紧固定螺丝进行读数.在测量过程中,量爪与待测物体不可卡得太紧或太松,否则会导致读数不准确.

(3) 测量时,左手拿待测物体,右手拿游标卡尺,如图 4.1-4 所示.不可用游标卡尺测量表面粗

图 4.1-4　测量物体时手持游标卡尺示意图

糙的物体,也不可将游标卡尺在工件上随意滑动,以防量爪面被磨损.

（4）读数时,视线应与尺面垂直.若斜着读数,会找错对齐的刻度线,造成测量误差.实际测量时,还可用多次测量取平均值来消除偶然误差.

（5）测量结束,需将游标卡尺擦干净,让两尺零线对齐,将游标卡尺放入其专用盒内,将盒子存放在干燥的地方.

三、角游标

角游标常用于需要测量角度的仪器中,如分光计、经纬仪等.如图 4.1-5 所示,角游标为一个沿着圆刻度盘,并与圆刻度盘同轴转动的弧形尺.

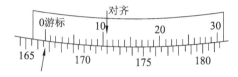

角游标由主尺与游标两部分组成.图 4.1-5 中角游标的主尺最小分度为 0.5°（即 30′）,游标上有 30 个分度值,其对应角度与主尺上 29 个分度的角度相等,即游标上最小分度为 29′（主尺上 29 格,每一格 30′；对应等于游标上 30 格,每一格 29′）,因此游标比主尺上的最小分度差 1′,即该角游标的精度为 1′.

图 4.1-5 角游标示意图

角游标读数与游标卡尺读数类似,由主尺读出主尺读数,游标对齐的格数乘以游标精度得到游标读数,主尺读数与游标读数相加可得到最终读数.图 4.1-5 中游标"0"线与主尺对应刻度为 166.5,游标上第 11 条刻度线与主尺上的某一条刻度线对齐,所以读数为 166.5×1°+11×1′=166°41′.

四、螺旋测微器

螺旋测微器又称为千分尺,可精确到 0.01 mm,估读到 0.001 mm.螺旋测微器运用机械放大的原理提高了测量精度,比游标卡尺更加精密.如图 4.1-6 所示,螺旋测微器主要由测微螺杆、测砧、锁紧手柄、螺母套管、微分筒、棘轮旋柄等部件组成.螺母套管上为主尺,主尺上的横线称为准线,准线上方一小格为 1 mm,准线下方小格位于上方小格中间,故主尺最小分度为 0.5 mm.

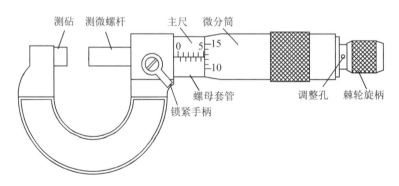

图 4.1-6 螺旋测微器结构图

测微螺杆的后端连有一个可随测微螺杆同轴转动的微分筒.微分筒上有 50 个刻度.当微分筒相对于螺母套管转动一周时,测微螺杆沿螺母套管的轴线方向前进或后退半格,即 0.5 mm.微分筒上 50 格对应此 0.5 mm,则微分筒上每一格对应 0.5 mm/50＝0.01 mm,即当微分筒转动一格时,测微螺杆便前进或后退 0.01 mm.螺旋测微器可精确到 0.01 mm,估读至 0.001 mm.

使用螺旋测微器测量长度时,需要旋转微分筒分开测砧与测微螺杆,将待测物置于其中间,旋转微分筒,使得测砧与待测物表面接近,而后轻轻转动测微螺杆尾端的棘轮旋柄.棘轮发出"嗒嗒嗒……"声音时,说明恰好卡住待测物体.此时旋转锁紧手柄,锁定主尺、微分筒位置后进行读数.

螺旋测微器读数应包含两部分:螺母套管上主尺读数及微分筒上读数.首先在主尺上读出整数部分(需注意主尺最小分度为 0.5 mm),而后由准线(螺母套管上的横线)与微分筒上对齐的位置读出小数部分,主尺读数加上微分筒读数得到最终读数.

如图 4.1-6 所示,螺旋测微器主尺部分读数为 5 mm,主尺上准线对准微分筒上第 12.6 格(12 为精读,0.6 为估读),得微分筒读数为 0.126 mm,最终读数为 5.126 mm.

请注意图 4.1-7(a)与图 4.1-7(b)的区别:主尺上半毫米线是否露出.如图 4.1-7(a)所示,主尺部分读数为 6 mm,主尺上准线对准微分筒上第 43.8 格(43 为精读,0.8 为估读),得微分筒读数为 0.438 mm,最终读数为 6.438 mm.如图 4.1-7(b)所示,主尺部分读数为 6.5 mm,主尺上准线对准微分筒上第 43.8 格,得微分筒读数为 0.438 mm,最终读数为 6.938 mm.

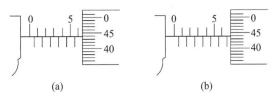

(a)　　　　　　　　(b)

图 4.1-7　螺旋测微器读数示例

使用螺旋测微器时,应注意以下几点:

(1) 在测量前观察微分筒零线与准线是否对齐,若对齐,可进行测量;若不对齐,分以下两种情况.

① 零点相差不多,先读出此时读数(微分筒零线在准线上方,读数为负;微分筒零线在准线下方,读数为正),测量结果减去测量前读数即为修正后的读数.

② 零点相差较多,需要先调零.方法为:a. 转动棘轮旋柄,使测微螺杆、测砧两测量面接触. b. 使用锁紧手柄锁紧测微螺杆. c. 用专用扳手插入固定套管的小孔内,扳转固定套管,使固定套管纵刻线与微分筒上零线对准. d. 若偏离零线较大,需用小起子将固定套管上的紧固螺丝松脱,并使测微螺杆与微分筒松动,转动微分筒,进行初步调整(即粗调),然后进行微调. e. 调整零位,必须使微分筒的棱边与固定套管上零线重合,同时要使微分筒上零线对准螺母套管上纵刻线.

(2) 利用螺旋测微器读数时务必注意观察主尺上半毫米线是否露出.

(3) 测量物体时,首先旋转棘轮,将测钻与测微螺杆的距离调到稍大于物体的长度,然后将被测物放入其中,慢慢旋转棘轮至发出咔咔声.锁紧手柄后,方可开始读数.旋转微分筒及棘轮旋柄均不可过分用力.

(4) 不能用手握微分筒来旋转测微螺杆,否则容易损坏螺旋测微器.

(5) 螺旋测微器使用完毕后应用纱布擦干净,在测砧与测微螺杆间留一点空隙,放入专用盒内,并将盒子置于干燥的地方.

4.1.2　物理天平

质量测量的方法有直接测量与间接测量.直接测量就是用仪器(比如天平)直接测量物体的质量.天平运用杠杆原理(杠杆平衡时作用在等力臂上的力相等)制成.天平包含游码、标尺、平衡螺母、底板、分度盘、横梁指针及重垂线等.常见的天平有分析天平、物理天平、学生天平(简易物理天平)、托盘天平等.物理实验室里常用的是物理天平、学生天平和托盘天平等.

一、物理天平的结构

物理天平的结构如图 4.1-8 所示.等臂横梁 A 上标有刻度.其左右两端各有一个向上的刀口.刀口用于挂挂钩 F_1 与 F_2.挂钩 F_1 与 F_2 下各挂有一托盘.用物理天平测量质量时,左右挂钩、托盘均不可互换位置.横梁 A 中间有一向下的刀口 F.使用天平时,该刀口支在刀口下面的一个可活动的平台上.该平台由止动旋钮 Q 控制.向上支起平台,则能把横梁支起,进行天平称衡;降下平台,则横梁下落,坐落在横梁下面的支座上,保护刀口不接触平台.

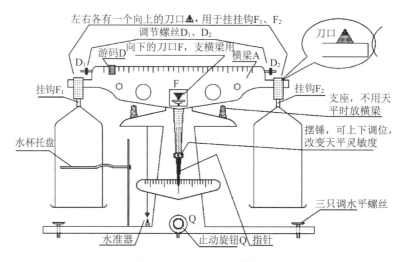

图 4.1-8　物理天平结构图

根据指针位置或者摆动幅度判断天平是否平衡.指针上配有一个摆锤.调节摆锤上下位置,可控制指针摆动幅度的大小.但不可随意移动摆锤位置;否则会改变横梁重心位置,影响天平称衡灵敏度.摆锤在天平出厂时已调节好(摆锤由厂家调试).

等臂横梁 A 左右各有一螺丝,为用天平测量质量之前调节平衡的调节螺丝 D_1、D_2.

每架物理天平配有砝码一盒,通常最大称量为 500 g.砝码盒内装有 200 g,100 g,20 g,2 g 砝码各两个,500 g,50 g,5 g,1 g 砝码各 1 个.质量精确到 1 g 以下时,使用横梁 A 上方的游码 D.在测量质量之前进行调平时,需要先将游码移到横梁最左端.测量时如果未向右移动游码,相当于未给右砝码盘加砝码.游码在测量过程中向右移到右顶端,相当于在右砝码盘增加 1 g 砝码.游码移动后,右砝码盘增加的等效质量应等于移动的格数乘以每格代表的质量.因此,如果天平横梁上有 50 个刻度,则游码向右移动一格就相当于给右砝码盘增加 0.02 g 的砝码(天平横梁上有 20 个刻度、10 个刻度时,对应一格应当是 0.05 g,0.1 g).

利用水杯托盘,物理天平可测量水中的物体.水杯托盘可上下移动或者移开.物理天平底部有三只调水平螺丝.结合水准器,可进行天平水平调节.

二、物理天平的技术参数

物理天平的技术参数有称量、感量等.

(一) 称量

称量是指天平所能称量的最大质量值(满载值),常以克(g)为单位.用物理天平进行质量测量时,待测物的质量不允许超过称量,以避免天平横梁弯曲而损坏.

(二) 感量

感量是指在天平平衡时,使指针偏转一个最小分度时在一端托盘中所加的最大质量.感量也叫作"分度值",常以毫克(mg)为单位.

一般感量与游码移动一小格的质量相当.感量的倒数称为灵敏度.感量越小,天平灵敏度越高.天平感量或灵敏度与负载有关.负载越大,灵敏度越低.

三、物理天平的使用方法

(一) 安装

安装天平时需要注意挂钩、托盘均有"1""2"标记,应按"左1右2"安装.安装完毕后需转动止动旋钮 Q 使横梁起落数次,调整横梁落下时的支承螺丝,使横梁起落时不扭动,落下时中刀口离开中刀承,吊盘刚好落在底座上.

(二) 调整

1. 水平调整.

转动底座三只调水平螺丝中的其中两只,结合水准器,将天平调到水平位置.

2. 零点调整.

用镊子将横梁上的游码移至横梁最左端,旋转止动旋钮 Q 支起横梁,观察指针摆动幅度.若指针左右摆动幅度相等,则天平平衡;若指针左右摆动幅度不等,则天平不平衡.调节天平平衡,需旋回止动旋钮 Q,将横梁放下,调节左右调节螺丝 D_1,D_2,再重复之前操作,直至天平平衡.

调节天平平衡时,指针向哪个方向偏的幅度更大,则这个方向的质量更大.这时可将这一侧的调节螺丝往里旋进,或者将另一边的螺丝向外旋出.测量物体的质量时,指针偏向质量更大一侧的幅度更大.但测量时不可旋转调节螺丝,只可通过增减砝码、移动游码来调节天平平衡.

(三) 称量

用物理天平测量物体的质量时需遵循"左物右码"原则:将物体放在左边托盘中,用镊子将砝码置于右边托盘中.旋转止动旋钮 Q,升起横梁,看指针偏转情况,再降下横梁加减砝码,再升起横梁看指针偏转情况……增减砝码原则上由大到小、逐次逼近.直到放 1 g 砝码偏重,取走 1 g 砝码偏轻时,遵循"二分法"用镊子移动游码.如图 4.1-9 所示,在移动游码之前,游码位于最左端 0 位置.先将游码移到最右端 1 位置,旋动止动旋钮 Q,升起横梁,看指针偏转情况.若偏重,再降下横梁,将游码移到中间 2 位置,再升起横梁,看指针偏转情况.若偏轻,降下横梁,将游码移到中间 3 位置,再升起横梁,看指针偏转情况.若偏重,则再降下横梁,将游码移到中间 4 位置,再升起横梁,看指针偏转情况……

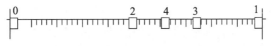

图 4.1-9　二分法操作游码

使用物理天平的注意事项:

(1) 保护物理天平的刀口,不允许在横梁支起时增减砝码、移动游码或者取物放物.

(2) 测量前需要先估测物体的质量,防止其超过天平的称量.然后在右盘中放入合适的砝码,旋转止动旋钮 Q.不必把横梁完全升到顶端再观察,稍微升起横梁即可.只要指针的偏转比较明显,即可落下横梁,进行增减砝码.升起和落下横梁时需要缓慢平稳.

(3) 不能将潮湿的物品或化学药品直接放在天平的托盘里,不可用手取放砝码、摸天平等,只能用镊子夹取砝码、移动游码.

(4) 如果要消除物理天平的不等臂性,可采用复称法:将砝码与物左右互换各称一次,取几何平均值,从而消除系统误差.

(5) 在测量过程中,不可再调节左右调节螺丝进行调平,天平的零件不能互换.测量结束后,用镊子将砝码放入砝码盒,使刀口和刀承分离,将物理天平存放在干燥、清洁的地方.

4.1.3 气垫导轨

气垫导轨是一种现代化的力学实验仪器.利用它验证动量守恒定律、牛顿第二定律时,需尽量减少摩擦力带来的影响.气垫导轨利用小型气源将压缩空气送入导轨内腔.空气再由导轨表面上的小孔中喷出,在导轨表面与滑行器内表面之间形成很薄的气垫层.由于空气的摩擦因数非常小,空气与物体之间的摩擦力几乎可忽略不计,从而极大地减小了由摩擦力引起的误差.

一、气垫导轨的结构

如图 4.1-10 所示,气垫导轨主要由导轨、滑行器、光电门、底座等组成.

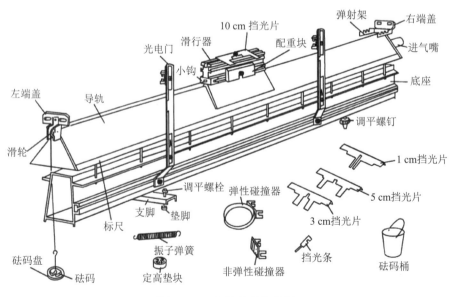

图 4.1-10 气垫导轨结构图

(一) 导轨

导轨由一根长 1~2 m、保持平直的铝管做成.导轨表面经过精密加工,打磨光滑.导轨一端封闭,另一端装有进气嘴(向管腔内送入压缩空气).导轨表面均匀分布喷气小孔.气垫导轨工作时,由气泵产生的压缩空气从进气嘴进入管腔后,从小孔喷出.导轨上有测量滑行器位置的标尺.

（二）滑行器（滑块）

滑行器（滑块）长 10～30 cm,如图 4.1-11 所示.滑行器内表面与导轨两侧面恰好吻合.当导轨的喷气小孔喷气时,滑行器悬浮在导轨气垫上方,可沿导轨自由地滑动.滑行器上装有测量时间的挡光板片.如图 4.1-12 所示,挡光片有平板形挡光片和 U 形挡光片等.

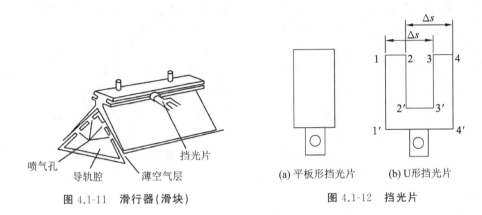

图 4.1-11　滑行器（滑块）　　　　　图 4.1-12　挡光片

（三）气源

气源通常有两种：一种用小型空气压缩机作为气源.每一台气源可给多组气轨供气.此供气方式气压较高且稳定,但占地面积大,安装后不可移动.另一种为每一台气轨用一个小型气源,其价格便宜,移动方便,但噪声大,温升快,不宜长时间使用.用橡皮管将气源的出气口与导轨的进气嘴相连,用气泵上的气量调节旋钮控制进入气轨的气量大小.

（四）计时系统

气垫导轨上装有光电计时系统,包括光电门、触发器和数字毫秒计（或频率计、计数器）.导轨的一侧装有两个可移动的、装有发光二极管的光电门.光电门利用光敏管有无光照控制计时器开始、停止计时.光电门通常有两个工作状态.

1. 记录一个平板形挡光片经过光电门的挡光时间.

当一个平板形挡光片经过光电门（开始挡光）时,计时开始;当这个平板形挡光片结束挡光时,停止计时.因此,计时器上所显示的时间值就是这个平板形挡光片通过光电门的时间.由于发光管发出的光有一定宽度,触发器判断开始挡光、停止挡光位置会有误差,得到的挡光时间精确度较低.

2. 记录两次挡光之间的时间.

光电计时系统处于这种工作状态时,当任一光电门发出的光被挡住时开始计时;当任一光电门发出的光再次被挡住（可以是原来的光电门,也可以是另一个光电门）时停止计时.计时器上所显示的时间值就是上述两次挡光之间的时间间隔.这种计时方式受光束宽度影响较低,比较常用.

用平板形挡光片可测量两个光电门之间的平均速度,方法是：量出两个光电门之间的距离 s,测量出挡光片经过两个光电门的时间 t,用距离 s 除以时间 t,即可得到这一段的平均速度.用 U 形挡光片可近似得到经过一个光电门的瞬时速度.如图 4.1-12(b)所示,U 形挡光片有四条竖直的边 11′、22′、33′、44′.将挡光片与滑块固定在一起运动.当滑块自左向右运动并通过光电门时,最右的竖直边 44′ 先经过光电门,挡住光电门的光.此时计时器开始计时.当竖直边 22′ 经过光电门时,再次挡光,计时器停止计时.则计时器记录的时长为滑块运动距离即边 44′ 到边 22′ 的水平距离 Δs 所需要的时间 Δt.将距离 Δs 除以时间 Δt,即可近似得到滑块经过光电门时的瞬时速度.距离 Δs 可用读数显微镜或游标卡尺进行测量.

二、气垫导轨的工作原理

气垫导轨能将滑块托浮起来是因为"气垫效应".经过精细加工的导轨及滑块表面能很好吻合.当导轨小孔喷出空气流后,滑块与导轨间会形成薄空气层——气垫.滑块的边缘不断有空气逸出,同时喷气小孔又不断向气垫补充空气,使气垫得以维持存在.这是一种简单的耗散结构.我们可以近似地把气垫看作密闭气体,在其中应用帕斯卡定律.喷气小孔中的压强等量地传递到气垫各处.由于滑块与气垫接触面很大,滑块受到很大的压力(方向向上),所以滑块被托浮起来.因此滑块不是被气流吹起来的,而是被气垫托起来的.

三、气垫导轨的安装与调整

将气轨安放在实验桌上后尽量不要移动,如果一定要移动,则要重新调整.导轨的平直度要用专门的仪器检验,气轨出厂时一般已调整好,所以不要无故拧动导轨下方的螺杆.用底脚螺丝可以调节导轨水平.要检验导轨是否水平,可以把滑块放在各处.若滑块能保持稳定不动,则导轨水平.也可以通过观察滑块起动后通过放置于不同位置的两个光电门的时间是否一样,或者是否均匀地递增,来判断导轨是否水平.

四、气垫导轨的维护

1. 使用气垫导轨时,不可碰撞、重压导轨和滑块,以防止其变形.导轨表面和滑块内表面擦拭干净后方可使用(可用酒精棉进行擦拭,不可用手抚摸涂拭).实验开始前,先通气源,然后将滑块放在导轨上.未通气,就将滑块直接放在轨面上拖动,会擦伤导轨表面.实验结束,先取下滑块,再关闭气源.

2. 使用时,气源压缩空气中不能有灰尘、水滴、水汽和油滴,以免堵塞小孔(喷气小孔孔径仅 0.6 mm).如果发现小孔被堵塞,可用 0.5 mm 孔径的钢丝捅一下小孔,并检查气泵过滤网是否完好,若发现有问题应及时解决.

3. 气垫导轨使用结束后需将轨面擦净,盖上防尘罩.导轨不宜用油擦,因为油易吸附灰尘,可用酒精棉擦拭.

4. 往滑块上安装挡光片等附件时,用力要恰当;实验时用手拨动滑块时,不可用力过猛.

5. 若长期不使用气轨,应恰当放置,以防导轨变形.

4.1.4 电脑通用计数器

电脑通用计数器采用单片微处理器,可与气垫导轨配套使用,具有计时、计数、测频、测速、测加速度等功能.

一、面板介绍

如图 4.1-13 所示,MUJ-5B 型电脑通用计数器前面板设有"计时 1""计时 2""加速度""碰撞""重力加速度""周期""计数""信号源"这几项功能.下面介绍前面板主要功能.

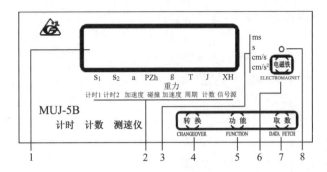

1—LEB 显示屏;2—功能转换指示灯;3—测量单位指示灯;4—"转换"键;5—"功能"键;6—"电磁铁"键;7—"取数"键;8—电磁铁通断指示灯.

图 4.1-13 MUJ-5B 型电脑通用计数器前面板

1. "转换"键 4:可转换测量单位、设定挡光片宽度及简谐运动周期值.若仪器正使用"计时""加速度""碰撞"功能,短按"转换"键 4(按键时间小于 1 s),测量值就在时间或速度之间转换;长按"转换"键 4(按键时间大于 1s),可重新选择挡光片的宽度(1.0 cm,3.0 cm,5.0 cm,10.0 cm).

2. "功能"键 5:可选择八种测量功能或清除显示数据,对应地,功能转换指示灯 2 会显示具体切换到哪种功能.短按"功能"键 5,仪器将进行功能选择;长按住"功能"键 5 不放,可在八种测量功能中循环选择.若光电门已经被遮过光,按"功能"键 5,可清零复位.

3. "电磁铁"键 6:控制电磁铁的通、断.

4. "取数"键 7:可取出存储数据.在使用"计时 1""计时 2""周期"这三种功能时,仪器可自动存储前 20 个测量值.按"取数"键 7,可依次显示数据存储顺序及相应值;在显示存储值过程中,按"功能"键 5,则可清除存储数据.

如图 4.1-14 所示,MUJ-5B 型电脑通用计数器后面板设有光电门插口、信号源输出插口、电磁铁插口、电源线及电源开关等.

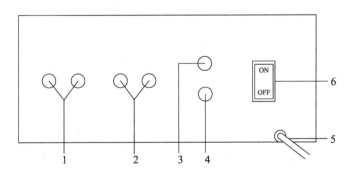

1—P1 光电门插口;2—P2 光电门插口;3—信号源输出插口;4—电磁铁插口;5—电源线;6—电源开关.

图 4.1-14 MUJ-5B 型电脑通用计数器后面板

二、功能及操作

MUJ-5B 型电脑通用计数器使用方法及操作介绍:

1. 仪器开机后,系统设定挡光片宽度为 1.0 cm.长按"转换"键 4(按键时间大于 1 s),可重新选择实验中使用的挡光片宽度(1.0 cm,3.0 cm,5.0 cm,10.0 cm).若实验仅需测量挡光显示时间,则无须设定挡光片宽度.

2. 计时 1(S_1):测量对任一光电门的挡光时间.

3. 计时 2(S_2):测量使用 U 形挡光片时,P1 口光电门(或 P2 口光电门)两次挡光的时间间隔(不是 P1,P2 各挡光一次).

4. 加速度(a):测量 U 形挡光片通过两个光电门时的速度及从一个光电门到另一个光电门的时间,用速度差值除以时间,可得到从一个光电门到另一个光电门的平均加速度 a.做完实验,仪器会循环显示表 4.1-1 中的数据.

表 4.1-1　仪器测量加速度原始数据

1	第一个光电门
×××××	第一个光电门测量值
2	第二个光电门
×××××	第二个光电门测量值
3	第一至第二个光电门
×××××	第一至第二个光电门测量值

仪器可接多个光电门(2~4 个),若接 4 个光电门,将继续显示第 3 个光电门、第 4 个光电门的速度及 2-3、3-4 段时间测量值.按"功能"键 5,可清零复位.

5. 碰撞(PZh):进行等质量、不等质量碰撞试验测量.将 P1、P2 分别接上一只光电门,在两只滑行器上安装相同宽度的 U 形挡光片及碰撞弹簧.滑块从气轨两端向中间运动,第一次通过光电门后相互碰撞,再沿原路返回或者同时向一个方向运动.若碰撞后滑块沿原路返回,则 P1、P2 光电门均会记录两次测量值,如表 4.1-2 所示.

表 4.1-2　仪器测量碰撞实验原始数据(碰撞后滑块沿原路返回)

P1.1	P1 口光电门第一次通过
×××××	P1 口光电门第一次测量值
P1.2	P1 口光电门第二次通过
×××××	P1 口光电门第二次测量值
P2.1	P2 口光电门第一次通过
×××××	P2 口光电门第一次测量值
P2.2	P2 口光电门第二次通过
×××××	P2 口光电门第二次测量值

若碰撞后两滑块均往 P1 方向运动,则 P1 口光电门测量了三次,数据记录为 P1.1、P1.2、P1.3 及 P2.1,表 4.1-2 中 P2.2 未进行记录.若碰撞后两滑块均往 P2 方向运动,则 P2 口光电门测量了三次,数据记录为 P2.1、P2.2、P2.3 及 P1.1,表 4.1-2 中 P1.2 未进行记录.按"功能"键 5,可清零复位,进行下一次测量.

6. 重力加速度(g):将两个光电门接入 P2 光电门插口,电磁铁插头接入电磁插口,按动"电磁铁"键 6,则电磁指示灯亮,钢球被吸住;再按"电磁铁"键 6,则电磁指示灯熄灭,钢球开始下落,计时器开始计时.钢球在下落中遮住光电门,记录时间如表 4.1-3 所示.

表 4.1-3　重力加速度测量实验原始数据

1	第一个光电门
×××××	t_1 值
2	第二个光电门
×××××	t_2 值

仪器可接多个光电门,得到更多数据.根据自由落体规律,钢球下落至第一个光电门时下落高度为 h_1、时间为 t_1,下落至第二个光电门时下落高度为 h_2、时间为 t_2,分别满足

$$h_1 = \frac{1}{2}gt_1^2, \ h_2 = \frac{1}{2}gt_2^2$$

两式联立,可得重力加速度

$$g = \frac{2(h_2 - h_1)}{t_2^2 - t_1^2}$$

式中,$h_2 - h_1$ 为两个光电门之间的距离.增大两个光电门之间的距离,可提高精确度.按"功能"键 5 或者"电磁铁"键 6,仪器清零.

7. 周期(T):接入一个光电门,可测量简谐运动的周期.可选用不设定周期数、设定周期数两种方法.待运动平稳后,按"功能"键 5 开始测量.仪器最多记录 20 个周期值.

(1) 不设定周期数时,开机后仪器默认设定周期数为 0,完成一个周期,则周期数加 1.按"转换"键 4 可停止测量.最后一个周期数显示约 1 s 后,显示总时间.按"取数"键 7,可显示每个周期的时间值.

(2) 按"转换"键 4,可设定想要的周期数(小于 100).每当完成一个周期,周期数减 1.最后一个周期完成后,仪器显示总时间.此时按"转换"键 4,显示每个周期的测量值.

8. 计数(J):记录光电门的遮光次数.

9. 信号源(XH):将信号源输出插头插入信号源输出插口,可在插头上测量本机电信号.电信号的时间间隔为 0.1 ms,1 ms,10 ms,11 ms,1 000 ms.若想改变电信号的频率,可按"转换"键 4.若测试信号误差较大,则需检查本仪器地线与测试仪器地线是否连接.

三、注意事项

仪器具有自检功能:按"取数"键 7,打开电源,数码管若显示"22222""5.5.5.5.5.",且发光二极管全部亮起,显示 15.24 s,则仪器正常.如果发现整机计时不正常,则应检查光电门正常与否.

4.1.5　温度计、气压计、湿度计

力学、热学等物理实验有时需要固定实验环境的温度、气压或者湿度,也会有要求测量待测物体温度、待测气体压强的情况,因此,同学们需学会选用合适的温度计、气压计及湿度计进行测量,并能够正确使用.

一、温度计

温度是表征物体冷热程度的物理量.常用的温度计有接触式测温仪表与非接触式测温仪表.接触式测温仪表测温依据为热力学第零定律:相互接触的物体经过一段时间达到热平衡后具有相同的温度.人们根据测温仪表达到该温度后测温物质的物理量(如压力、体积、电阻等)的明显变化来进行测温.非接触式测温仪表无须与被测物接触,即可测得温度.表 4.1-4 为常见的温度计及其测温范围.

表 4.1-4 常见的温度计及其测温范围

类别	温度计名称	常用测量范围/℃	类别	温度计名称	常用测量范围/℃
接触式	1. 热膨胀式温度计 水银温度计 酒精温度计 双金属温度计	$-35\sim500$ $-80\sim80$ $-80\sim300$	接触式	4. 热电偶温度计 铂铑 10-铂 镍铬-康铜 铜-康铜	$0\sim1\ 600$ $-200\sim880$ $0\sim350$
	2. 压力式温度计	$-80\sim400$	非接触式	5. 辐射温度计	$100\sim200$
	3. 电阻温度计 铂电阻 铜电阻 半导体热敏电阻	$-200\sim850$ $-50\sim150$ $-40\sim150$		6. 光测高温计	$700\sim3\ 200$

(一)液体温度计

液体温度计的测温物质为液体,其测温原理是根据液体的热胀冷缩性质来测量的.常见的玻璃体温计就是装有液态水银的液体温度计(考虑到汞危害,我国将于 2026 年 1 月 1 日起禁止生产含汞体温计).

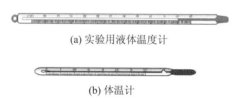

(a) 实验用液体温度计

(b) 体温计

图 4.1-15 液体温度计

如图 4.1-15 所示,液体温度计由长直玻璃管、玻璃泡构成.玻璃泡内装有水银、加色酒精、煤油等液体.玻璃管中央与玻璃泡连有一内径均匀的毛细管.根据液体的热胀冷缩性质,温度上升,则液体在毛细管中升高,且升高和降低的距离与温度成正比.管外标有相应刻度.测温时读出液面高度对应读数,即可得到所测物体的温度.

(二)半导体温度计

半导体温度计利用半导体元件的阻值与温度的关系制成.温度升高时,半导体材料阻值下降.若已知该材料的温度与阻值的对应关系,则可根据阻值查出对应温度.

半导体温度计利用非平衡惠斯通电桥测量阻值,从而得到温度,其测量阻值电路图(惠斯通电桥)如图 4.1-16 所示.该温度计使用前需要校正.设该温度计测温范围为 $t_1\sim t_2$,将开关 S 拨至 n,调节桥臂电阻 R_2,使电桥达到平衡,即完成下限温度 t_1 校正.将开关 S 拨至 m,调节分压电阻 R_1,使电桥电流计满偏,即完成上限温度 t_2 校正.测量温度时,将开关拨至 t,将热敏电阻 R_t 接入电路,即可

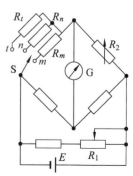

图 4.1-16 半导体温度计原理图

进行温度测量.

（三）气体温度计

气体温度计利用气体(通常是氢气或者氦气)作为测温物质,有定容气体温度计和定压气体温度计两种.定容气体温度计是利用当气体体积保持不变时压强与温度成正比的原理制成的.定压气体温度计是利用当气体压强保持不变时,气体体积随温度改变而改变的原理制成的.气体温度计所测得的温度和热力学温度相吻合.气温温度计测温范围广,测温精度高,多用于精密测量.

（四）温差电偶温度计

温差电偶温度计也称热电偶温度计,是利用温差电偶测量温度的温度计.将两种不同材料的金属丝连接起来,如图 4.1-17 所示.将两种材料的一个接触点置于冰水混合物中,即选 0 ℃ 为参考温度 T_0；另一个接触点处温度为待测温度 T_x.因为两接触点温度不同,它们之间将产生电动势.又因为这种温差电动势是两个接触点温度差的函数,所以用电位差计或数字毫秒表测得温差电动势后,即可通过手册查得温度差,从而得到待测温度.

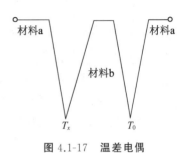

图 4.1-17　温差电偶

温差电偶温度计结构简单、体积小、热容量小,可广泛应用于精密测量、高温测量.由于温差电偶温度计是把温度量转化为电学量的,因此它在自动控制中用途很广.

二、气压计

气压计是根据托里拆利实验原理制成的、测量大气压强的仪器.气压计有水银气压计及无液气压计.福廷式气压计利用托里拆利管来测大气压,是常见的水银气压计,其结构如图 4.1-18 所示.其上端有一长约 80 cm、上端封口、下端开口的玻璃管.玻璃管外加有金属护套.套管上刻有量度水银柱高度的标尺.玻璃管上端真空,下端插在水银杯中.玻璃管内水银在大气压的作用下上升,且上升高度与大气压成正比.水银杯杯底与水银杯上部均用可渗透空气、不可渗透水银的鹿皮革密封.如图 4.1-19 所示,杯底的鹿皮革下部有可上下调节的"调零"旋钮支托.每次测量气压时,该旋钮可使水银杯内水银面位置与气压计标尺起点(零

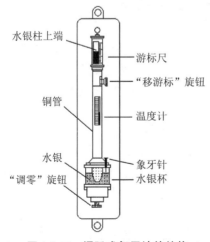

图 4.1-18　福廷式气压计的结构

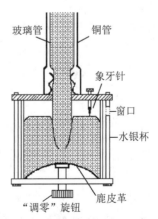

图 4.1-19　福廷式气压计的调零结构

点)对齐(与象牙针的针尖相接触).用鹿皮革密封的水银杯上部空气能够进入,保证水银杯面的气压就是大气压.

若要精确测量大气压,则需要考虑温度变化引起的标尺、水银密度变化及表面张力的影响,并对其进行修正.

三、湿度计

湿度计是测量气体湿度的仪器.气体湿度是指气体中水蒸气的多少.湿度有绝对湿度和相对湿度两种.绝对湿度是指单位体积气体内所含水蒸气的多少,常用单位为 g/m³.如图 4.1-20 所示,密闭容器内一定质量、一定温度的水经过长时间蒸发,水蒸气充满水面上方空气,水分子回到水中与水达到动态平衡.此时空气中水蒸气达到饱和状态,空气中水蒸气密度为饱和水蒸气的绝对湿度.相对湿度是指空气中所含水蒸气密度与相同温度下饱和水蒸气密度的百分比.饱和水蒸气的相对湿度为 100%.

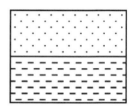

图 4.1-20　密闭容器中的水蒸气

常见湿度计有干湿球湿度计(图 4.1-21)、毛发湿度计、氯化锂湿度计等.湿度计采用对湿度敏感的物质或元件制作(毛发、电容等).

如图 4.1-21 所示,干湿球湿度计由相邻的两个相同温度计组成.其中 A 温度计称为干温度计,显示室温;B 温度计称为湿温度计.B 温度计测温泡上包有细纱布,布的下端浸在水中.纱布始终保持湿润状态,且纱布上的水分在蒸发时会吸收热量,使得 B 温度计测得的温度比室温要低.周围气体的相对湿度影响蒸发速度.空气越干燥,相对湿度越

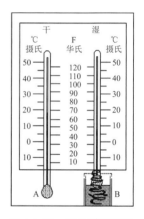

图 4.1-21　干湿球湿度计

低,蒸发越快.因此,根据 A、B 温度计温差及 A 温度计显示的室温,可查表得空气的相对湿度.干湿球湿度计结构简单,常用于气象及室内空气湿度的测量.

4.2　光学实验基本仪器

光学仪器由单个或多个光学器件组成,能够利用光波对事物的光性质进行检测、成像,或者能够分析、研究接收的光波,可实现高精度测量,是工农业生产、资源勘探、科学实验不可缺少的工具.物理实验室中常见的光学仪器有基本光学元件(光源、透镜、光栅等)、读数显微镜、牛顿环等.

4.2.1　常用光源

光源指能产生光辐射的辐射源.物理实验室常见的光源有白炽灯、汞灯、钠灯、激光器等.

一、白炽灯

白炽灯是一种热辐射光源,将灯丝通电加热到白炽状态而发出可见光.白炽灯的光色和集光性能很好,光谱连续.虽然白炽灯的能量转换效率很低,但它仍然被广泛使用.白炽灯内

部钨灯丝在高温时会蒸发成气体,并在灯泡的玻璃表面沉积,使灯泡变黑,减少灯泡使用寿命.将灯泡抽成真空并充入氩气等惰性气体,可抑制钨丝蒸发,延长白炽灯的使用寿命.碘钨灯、溴钨灯作为强光源,被广泛用于摄影照明灯、投影灯、幻灯和电影放映机中.实验室用的白炽灯电源电压一般有 220 V 和 6.3 V 两种.

二、汞灯

汞蒸气灯简称汞灯,其利用汞放电获得可见光.汞蒸气放电的发光效率随汞蒸气压的改变而改变.图 4.2-1 为汞蒸气放电的发光效率跟气压的关系.按汞蒸气压和用途的不同,汞灯可分为低压汞蒸气灯、高压汞蒸气灯、超高压汞蒸气灯等.

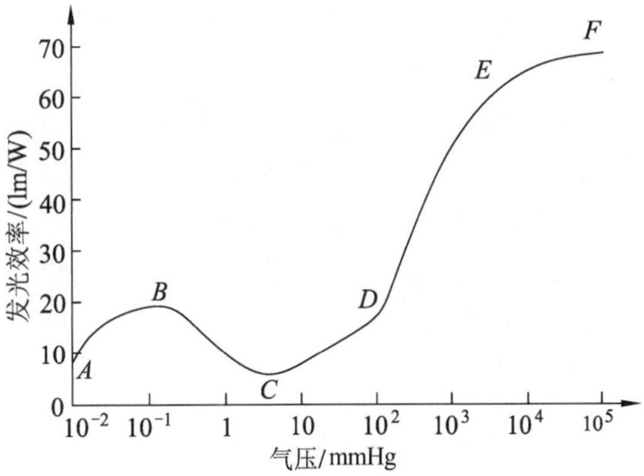

在使用汞灯时需注意以下几点:

（1）汞灯光谱中缺红光成分,绿区、蓝区和紫外区线光谱强烈.高压汞蒸气放电产生强紫外线(主波长为 365 nm),能灼伤眼睛和皮肤.使用汞灯时应避免直视.

注:为了测量方便,此处以 mmHg 为测量单位

图 4.2-1　汞蒸气放电的发光效率跟气压的关系

（2）汞灯启动后需预热一段时间(通常 5~10 min)方可正常使用.汞灯关闭后,必须等灯丝冷却(5~10 min)、汞蒸气凝结后再开启.关闭汞灯后不可立刻开启,否则会影响汞灯的使用寿命.

（3）使用汞灯时需与相应的镇流器串联后再接入电路,不可直接与电源相连,且不同额定电流的汞灯需与不同的镇流器相匹配,不可混用.

（4）使用汞灯前必须用无水酒精将灯管表面擦干净,严禁用手直接触摸.

（5）若汞灯灯管意外破损,导致汞蒸气散发,现场人员务必立即离开,让现场持续通风 20~30 mm,防止吸入汞蒸气中毒;返回现场后,需及时进行清理.

（6）保存汞灯时,需放置于阴凉处密封保存,避免强光直射.

三、钠灯

钠灯是利用钠蒸气放电产生可见光的电光源.按照钠蒸气压的不同,钠灯又分为低压钠灯和高压钠灯.实验室中常用低压钠灯,其工作蒸气压不超过几个帕斯卡.低压钠灯的光谱在可见光范围内,集中在 589.0 nm 和 589.6 nm 两条谱线,通常取中间值 589.3 nm 作为钠黄光的参考波长.钠灯是物理实验中重要的光源.与汞灯一样,钠灯工作时也需要接有镇流器.钠灯通电后,必须预热 5~10 min 才能正常工作.

四、氦氖激光器

激光器是能发射激光的装置,是现代激光加工系统中必不可少的核心组件之一.其发出的激光质量纯净、光谱稳定、相干性好.氦氖激光器是一种气体激光器(工作物质为氦气、氖气),是物理实验室常用的激光器,其工作波长通常为 632.8 nm(还有两个不常用波长为 1.152 3 μm,3.391 3 μm).

氦氖激光器一般有三种结构:内腔式(图 4.2-2)、外腔式、半内腔式.

氦氖激光器存在一定的缺点,即效率较低,功率也不够大.所以在激光外科手术、钻孔、切割、焊接等这些行业中,人们现在大多改用 CO_2 激光器、脉冲激光器或者半导体激光器等

大功率激光器.但氦氖激光器具有工作性质稳定、使用寿命比较长的特点,因而目前在流速和流量测量方面仍被广泛开发和利用,同时在精密计量方面的应用也非常广泛.

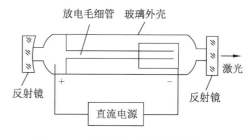

图 4.2-2　内腔式氦氖激光器结构图

在使用光源过程中需要精心维护,遵守操作流程(延长光源的使用寿命).使用时需注意以下几点:

(1)光源都有其额定电压,有的为直流电压,有的为交流电压.光源在直流电压下工作时要注意电源的极性不能接反.实验前应认真检查电源是否符合要求、线路是否正确.

(2)高压电源的外壳要接地,使用时禁止触摸电极和导线.

(3)灯管必须按规定安放,要防止颠倒、倾斜、震动和破损,并妥善处理废管(汞蒸气有毒,钠蒸气遇水会爆炸).

4.2.2　常用透镜与棱镜

透镜与棱镜都是用透明物质制成的光学元件,均被广泛应用于光学仪器中.透镜与棱镜的制作、应用依据光的折射定律,全反射棱镜则利用光的反射定律、折射定律.

一、透镜

透镜是用透明物质制成的表面为球面一部分的光学元件.显微镜等光学系统中都会用到单个或多个透镜.大学物理实验室中的牛顿环也是由平凸透镜和平板透镜构成的.

透镜是折射镜.物理实验室常见的透镜有凸透镜、凹透镜.凸透镜对光线起会聚作用(图 4.2-3),凹透镜对光线起发散作用(图 4.2-4).照相机、投影仪、放大镜、老花镜等都是由凸透镜构成的,近视眼镜、猫眼等则都是由凹透镜构成的.

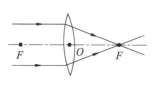　　　　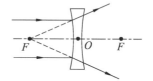

图 4.2-3　凸透镜成像光路图　　　　图 4.2-4　凹透镜成像光路图

透镜被广泛应用于光学仪器、安防、车载、数码相机、激光等各个领域.随着科技的不断发展,透镜的应用越来越广泛.

二、棱镜

棱镜是指横截面为三角形或者梯形的透明物体(通常用玻璃制成),可以改变光的传播方向或者使光束发生色散(图 4.2-5).棱镜有色散棱镜、反向反射棱镜、失真棱镜、复合棱镜等.由于不同色光通过棱镜后的偏向角不同,人们利用棱镜把复色光分解,从而制成光谱仪,如分光镜、单色仪、摄谱仪等.棱镜还被广泛应用于数码设备、医学仪器中.

色散棱镜常用的是等边三棱镜;潜望镜、双目望远镜等仪器中常用的是全反射棱镜,一般采用直角棱镜.在通常情况下,玻璃对空气的临界角是 42°,也即当光以大于 42°(如 45°)的入射角从玻璃射入空气中时,光会发生全反射现象,如图 4.2-6 所示.全反射棱镜的作用相当于平面镜,但是玻璃后表面镀银的平面镜表面和银面会发生多次反射,形成多个像.对于精密的光学仪器(照相机、望远镜、显微镜等),这些多余的像必须去掉.如果玻璃前表面镀银,只会成一个像,但是银面容易脱落,因此,在这些精密仪器中多使用全反射棱镜.

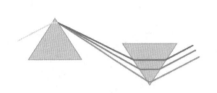

图 4.2-5　棱镜色散

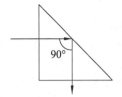

图 4.2-6　光在玻璃与空气的界面发生全反射

4.2.3　光具座

一、光具座的结构

光具座是一种多功能光学测量仪器,很多光学测量项目(例如,测量平面光学零件的平行度、角度误差,屋脊棱镜的双像差,玻璃平板和棱镜的最小焦距,透镜或透镜组的焦距、顶焦距等)可以在光具座上完成.物理实验室的光具座一般配有导轨、滑座、光源、可调狭缝、像屏、夹持器及各种光学元件(透镜、棱镜、偏振片等).其结构如图 4.2-7 所示.

图 4.2-7　光具座结构图

(一)导轨

导轨是一个长 1~2 m 的平直轨道,是光具座的主体.导轨上有标尺(最小刻度为毫米).导轨需放置在平整的工作台上.使用光具座时,需通过调节两端升降螺杆来调节水平.

(二)滑座

滑座是插入导轨燕尾槽内、可横向移动、可装载支架(支架上装有光学元件)的器件.滑座有固定滑座与可调滑座两种.两种滑座均可横向调节,可调滑座还可以沿垂直方向调节.调节滑座时,松开滑座右侧紧固钮,将滑座底部插入导轨的燕尾槽内,将滑座平移至合适位置,旋紧紧固钮进行锁定.

(三)夹持器

夹持器用于夹持光学元件.例如,夹持圆形、矩形等各种形体光学元件的弹性镜架,用两端弹簧钢丝夹持光学元件的弹簧片架,安置激光器用的激光光源支架,等等.

光具座上还有用作光学成像屏的双面像屏、专供射灯或半导体激光器使用的光源用开关电源、可调升降立柱、刻度载物平台等部件.

二、光具座的调节

在光具座上进行透镜成像实验,要想获得清晰的像,必须使各光学元件共轴、等高,而且物、像屏、透镜等距离符合相应理论计算公式.因此,做实验之前,在光具座上应进行如下调节:

(一)调水平

将光具座放置在水平载物台上,借助水平尺,调节光具座底部水平调节螺钉,使光具座水平.

(二)共轴

调节光学元件的光轴至共轴,并让物体发出的成像光束满足近轴光线的要求.

（三）等高

实验时,光学元件的中心应在同一水平线上(等高),即光学系统的主光轴应当与光具座平行.等高调节分两步:

1. 粗调.

将光具座上的透镜、物、像屏靠拢,目测高低并进行调节,使物、像屏、透镜的中心及光源在一条水平等高线上,使物平面、像屏平面、透镜面处于竖直面,与光具座导轨相垂直.

2. 细调.

以凸透镜成像为例,如图 4.2-8 所示,当凸透镜的物距大于两倍焦距时,会在像屏上成倒立、缩

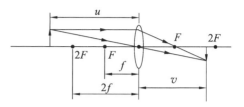

图 4.2-8 凸透镜成倒立缩小的像

小的像(凸透镜成像规律如表 4.2-1 所示),此时可固定物、透镜,调节光屏,使像的顶点位于像屏中心.如果成放大的像,则调节透镜的高低、左右位置,使得像的顶点位于光屏中心.依次多次调节,使系统同轴等高.

表 4.2-1 凸透镜成像规律

物距 u	像距 v	像的性质		
		虚实	正倒	大小
$u>2f$	$f<v<2f$	实像	缩小	倒立
$u=2f$	$v=2f$	实像	等大	倒立
$f<u<2f$	$v>2f$	实像	放大	倒立
$u=f$	不成像			
$u<f$	与物同侧	虚像	放大	正立

4.2.4 单缝板、双缝板、光栅、偏振片

一、单缝板

单缝板是由一条等宽狭缝构成的光学元件,用于单缝衍射实验.单缝衍射是指光在传播过程中绕过障碍物继续前进的现象(图 4.2-9 为单缝夫琅禾费衍射).单缝衍射只有在单缝宽度与光的波长相当或者小于波长时现象才比较明显.可见光的波长为 $400\sim760$ nm,所以单缝宽度也在几百纳米到一千纳米.

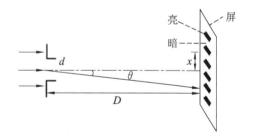

图 4.2-9 单缝夫琅禾费衍射

二、双缝板

由两条等宽的平行狭缝构成的光学元件称为双缝板,用于杨氏双缝干涉实验(简称双缝干涉实验).如图 4.2-10 所示,将光束照射到双缝,光屏上则显示出一系列明暗相间的条纹.双缝板缝间距是一个比较重要的参数,与双缝板和屏的距离、入射光波长共同决定干涉条纹的间距.做杨氏双缝干涉实验时,为了能清晰地分辨干涉条纹,需要双缝

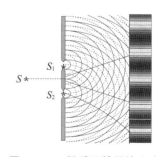

图 4.2-10 杨氏双缝干涉实验

板与屏的距离远大于缝间距[例如,用钠灯(波长 589.3 nm)做光源进行双缝干涉实验,缝间距为 0.24 mm,双缝板与屏的距离为 1 m 时,干涉条纹间距约为 2 mm].

三、光栅

由大量等宽、等间距的平行狭缝构成的光学器件称为光栅,又称为衍射光栅.光栅利用多缝衍射原理使光发生色散.常用光栅有透射式光栅及反射式光栅两种.用金刚石刀尖在一块平玻璃上刻出一系列等宽、等间距的平行刻痕.刻痕之间未刻到的地方可以透光.刻痕处相当于发生漫反射,为不透光部分.用这种方法制成的光栅为透射式光栅[图 4.2-11(a)].反射式光栅可通过在光洁度很高的金属膜上刻出一系列等宽、等间距的平行细槽制成[(图 4.2-11(b)].

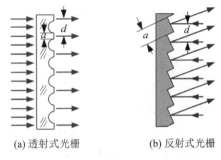

(a) 透射式光栅　　(b) 反射式光栅

图 4.2-11　透射式光栅及反射式光栅

实用光栅每毫米内有几十至几千条刻痕,根据多缝衍射理论,若单色光入射,经光栅衍射后会形成细且明亮的明条纹.此时我们可以精确地测量入射光的波长.如果入射光为复色光,则除中央明条纹之外,不同波长光的同一级明条纹的角位置是不同的,并按波长由短到长的次序自中央向外侧依次分开排列.每一干涉级次都有一组这样的谱线.级次越高,不同波长产生的同级明条纹分得越开.由于各种元素或化合物都有它们自己特定的谱线,因此通过测定各谱线的波长和相对强度,我们可以测定发光物质内的各种元素成分及其含量.

光栅上相邻两条缝的距离 d 称为光栅常数,等于每条狭缝宽度 a 加上狭缝间不透光部分宽度 b(图 4.2-12).光栅常数一般为 $10^{-6} \sim 10^{-5}$ m.光栅常数与入射光波长共同决定明条纹位置.若明条纹位置与单缝衍射暗条纹位置重合,则该位置明条纹不会出现,这一现象称为缺级.图 4.2-13 为某一光栅衍射条纹.从图中我们可观察到缺级现象.由缺级位置可得到光栅常数 d 与狭缝宽度 a 的关系,此处不做进一步讨论.

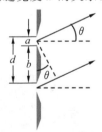

图 4.2-12　光栅常数

图 4.2-13　光栅衍射条纹

四、偏振片

偏振片是可以将自然光变成偏振光的光学元件.如图 4.2-14 所示,自然光经过偏振片时,与偏振片透光轴方向相同的光透过,垂直的光被吸收.偏振片是由偏振膜、内保护膜、压敏胶层及外保护膜层压成的复合材料.偏振片有黑白、彩色两类.按其应用可分为透射、透反射及反透射三类.偏振片除了在物理

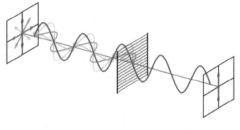

图 4.2-14　自然光经过偏振片

实验中制成偏振光外,还在生活中有极大的应用.比如,用偏振片制成 3D 眼镜,在摄影镜头前加上偏振片消除反光,汽车前灯、前窗玻璃用偏振玻璃防止强光,利用光的偏振制成液晶显示器,等等.

4.2.5　读数显微镜

读数显微镜(图 4.2-15)是光学精密机械仪器中的一种读数装置,可用于测量微小、不便于夹持测量的长度,比如测量牛顿环中干涉条纹的宽度、微小钢球的直径等.读数显微镜由显微镜与螺旋测微器组合而成,具有准确度高、结构简单、操作容易、可进行非接触测量等优点.通常有直读式、标线移动式和影像移动式三种.下面以直读式读数显微镜为例进一步介绍.

图 4.2-15　读数显微镜实物图

直读式读数显微镜结构如图 4.2-16 所示.其中显微镜包含目镜、物镜和十字叉丝.镜筒可上下调节使待测物成像清晰.实验时旋转调节目镜,使观察者看到清晰的十字叉丝(十字叉丝为读数准线).螺旋测微装置是一个较精密的移动装置.读数部分由水平标尺和测微鼓轮两部分组成.水平标尺刻度长 0～50 mm,每一小格代表 1 mm.测微鼓轮旋转一圈,显微镜移动 1 mm.测微鼓轮上有 100 小格,故测微鼓轮每转动一小格相当于移动 0.01 mm.读数时,整数部分对应水平标尺上读出的格数 m,即 m mm,小数部分为测微鼓轮上读出的格数 n(测微鼓轮上需估读一位)乘以 0.01,即 $0.01n$ mm,最终读数为 $(m+0.01n)$ mm.如图 4.2-17 所示,主尺读数为 12 mm,测微鼓轮为 0.553 mm,则位置坐标为 12.553 mm.

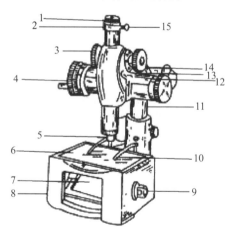

1—目镜；2—锁紧圈；3—调焦手轮；4—测微鼓轮；5—物镜；6—台面玻璃；7—反光镜；8—底座；9—旋转手轮；10—弹簧压片；11—立柱；12—旋手；13—标尺；14—横杆；15—锁紧螺钉.

图 4.2-16　直读式读数显微镜结构示意图

图 4.2-17　读数显微镜读数示例

使用读数显微镜测量长度的操作步骤如下：

（1）将待测物置于台面玻璃上，调节读数显微镜，对准待测物.

（2）旋转调节显微镜的目镜，使观察者看到清晰的十字叉丝.

（3）调节显微镜聚焦情况（上下调节显微镜镜筒），或移动仪器，直至看到待测物清晰的像为止.

（4）让十字叉丝与待测物上一点对准（做牛顿环实验时，将十字叉丝与观察环相切），记下读数，再对下一位置进行测量.对同一组数据，在测量过程中，为避免空程误差，旋转手轮时只能沿着同一方向旋转.

4.3 电磁学实验基本仪器

电磁学实验中用到很多电学仪器、仪表，并且这些仪表有一定操作要求.比如使用电流表、电压表的时候不能超过其量程，不能正负极接反，等等.在进行电磁学实验前，需选用合适的仪器，并了解其性能、操作要求与规范.下面给大家介绍一些基本电学仪器和仪表.

4.3.1 实验室常用电源

电源是将其他形式的能（比如化学能）转换成电能，并将电能提供给电路中电子设备的装置.电源有直流电源（用符号"DC"或"—"表示）和交流电源（用符号"AC"或"～"表示）两种.

直流电源能够维持电路两端之间恒定的电位差.常见的直流电源有干电池、蓄电池、晶体管稳压电源和稳流电源等.干电池可以适用于很多电器用品，在日常生活中使用范围极广.其电动势通常为 1.5 V，但若干电池连续工作或用得太久，内阻增大，输出电压会变小.实验室常用电动势为 2 V 的铅蓄电池和 1.25 V 的镍镉蓄电池.

直流稳流电源是实验室常用的直流电源，带负载能力强，内阻很大，且可根据用户需要输出稳定的电流值.

交流电源提供的电压大小、方向不断改变，常用的电网电源就是交流电源.考虑交流电源本身电动势、输出电流等物理量时，需区分最大值、瞬时值、平均值、有效值.通常用电表测量得到的为有效值.比如交流电 220 V 为有效值，其最大值（即峰值）为 311 V.

将电源接入电路时需要注意以下几点：

（1）打开电源前需要先确认电源的正负极性、电路仪器接线是否正确，防止损坏电路器件.

（2）检查线路接线是否正确，尤其注意不能将电源短路，即不可将电源正负极直接相连，否则会烧损电源，严重时甚至可能引起火灾.

（3）明确电源的额定电流，实验中电流不可超过电源的额定电流.

4.3.2 开关

开关是指电路中可以使电路导通、断开或使电流流到其他电路的电子元件.如图 4.3-1 所示，实验室常用开关有单刀单掷开关、单刀双掷开关、双刀双掷开关等.

图 4.3-2 所示电路中，S_2 为单刀单掷开关，仅有导通和断开两种状态；S_1 为单刀双掷开

关,有断开、连接灯泡 L_1 左端、连接灯泡 L_1 右端三种状态.双刀双掷开关其实是两个单刀双掷开关并列而成的,其接线方式与每个单刀双掷开关完全一样.其两个刀通过一个绝缘塑料相连,然后共用一个手柄.双刀双掷开关在电路中的使用方法这里不做进一步介绍.

单刀单掷开关　　　　单刀双掷开关　　　　双刀双掷开关

图 4.3-1　实验室常用开关　　　　图 4.3-2　单刀双掷开关在电路图中的运用

将开关接入电路中时必须确保其处于断开状态,原因如下:

(1)若在连接开关瞬间电路中通有电流,而开关接触不牢固,就会产生电弧光,伤害实验人员;另外,若电路中通有电流,实验人员带电作业很不安全.

(2)若未检查电路连接,贸然接入闭合开关,有可能产生短路现象,会烧损电路.

(3)接入闭合开关,瞬间形成回路,会给电路带来瞬间或间断性电流、电压的冲击,烧毁电路.

4.3.3　电阻、电感和电容

电阻、电感、电容是电子电路中常用的电子元件.电子元件可分为有源器件、无源器件两大类.电阻、电感、电容同属于无源器件.电阻是典型的耗能元件,电容与电感则属于储能元件.

电子元件制造技术发展极快,品种规格极多,这里不一一介绍.下面介绍实验室常用电阻、电感、电容的特点和性能等.

一、电阻

电阻是一个限流元件.将电阻接入电路中,外加电阻的瞬时电压与通过电阻的瞬时电流的比值称为电阻值,简称电阻,用 R 表示,单位为欧姆(Ω).元件两端电压与通过元件电流的关系称为元件的伏安特性.电阻按伏安特性分类,可分为线性电阻与非线性电阻;按阻值特性分类,可分为固定电阻与可变电阻.下面介绍实验室常用的可变电阻——滑动变阻器、旋转式电阻箱的结构及其用法.

(一)滑动变阻器

如图 4.3-3 所示,滑动变阻器由接线柱、滑片、电阻丝、金属杆和瓷筒组成.滑动变阻器的电阻丝绕在绝缘瓷筒上,电阻丝外涂有绝缘漆.A、B、C 为接线柱,滑片 D 与金属杆一端 C 相连.若只将 A、B 两端接入电路,此时滑动变阻器相当于定值电阻,A、B 间阻值称为全电阻(在铭牌上标明).若接入电路的为 A、C 或者 B、C 端,则移动滑片,接入电路部分电阻线的长度发生改变,从而改变接入电路的电阻.滑动变阻器的一个重要参数为额定电流,即变阻器允许通过的最大电流,亦在铭牌中

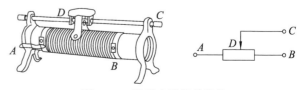

图 4.3-3　滑动变阻器的结构

标明.

滑动变阻器在电路中有限流式和分压式两种接法.

(1) 限流式.

如图 4.3-4(a)所示,将滑动变阻器串入电路(A、C 端接入,或 B、C 端接入),移动滑片,滑动变阻器接入电路的阻值将发生改变,从而改变接入电路中的总电阻,达到控制电流的目的.

限流式接法的优点是接法简单,消耗功率较少;缺点是改变电路中的电流、电压具有局限性.限流电路的调节与滑动变阻器的全电阻有关.当电源电压和待测电阻 R 一定时,全电阻越大,待测电阻上电压、电流可调节范围越大;若全电阻比 R 小很多,待测电阻上电压、电流调节范围将很小.

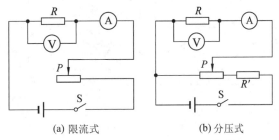

(a) 限流式　　　　(b) 分压式

图 4.3-4　滑动变阻器限流式、分压式接法

注意:限流电路连通前应当使得滑动变阻器连入电路的电阻最大(即滑片应在电阻最大位置).

(2) 分压式.

如图 4.3-4(b)所示,将滑动变阻器分为两部分,左端与待测电阻并联,右端串联在电路中.待测电阻上的电压与滑动变阻器左端部分电压相等.移动滑片,则电阻 R 两端的电压发生改变,实现电压调制作用.

分压式接法适用于电阻伏安特性实验.实验中,当滑片在最左端时,待测电阻被短路,此时待测电阻两端电压为零;将滑片向右移动,可调制电压,使得待测电阻两端电压达到额定电压 U,实现待测电阻两端数据的全覆盖,且能客观反映待测电阻的电学特性,实验数据误差较小.

注意:分压电路连通前应当使得滑动变阻器连入电路的电阻最小(即滑片应在电阻最小位置).

(二) 旋转式电阻箱

电阻箱是一种箱式电阻器,由若干固定电阻元件按照一定方式连接而成[某电阻箱内部线路如图 4.3-5(b)所示].电阻箱利用变换装置改变阻值.这种变换装置通常采用旋钮式结构.如图 4.3-5 所示,把此电阻箱接入电路,调节旋盘就能得到 0～99 999.9 Ω 之间的任意阻值.

由电阻箱的面板示意图[图 4.3-5(a)]可知,电阻箱面板上有六个旋钮、四个接线柱.四个接线柱标有 0,0.9 Ω,9.9 Ω,99 999.9 Ω 等字样.若接入电路的接线柱为 0 与 0.9 Ω,表示阻值调节范围为 0～0.9;若接入电路的接线柱为 0 与 99 999.9 Ω,则表示此时电阻箱阻值调节范围为 0～99 999.9.旋钮旁标有 ×0.1,×1,×10,×100,×1 000,×10 000 字样.这些字样表示倍率.每个旋钮周围标有数字 0～9.使用时,面板上白点指着的数字乘以对应的倍率就是这个旋钮连入电路的电阻值.图 4.3-5(a)中电阻箱接入电路的总电阻为每个旋钮所对应的电阻之和,即($3×0.1+4×1+5×10+6×100+7×1 000+8×10 000$) Ω＝87 654.3 Ω.请同学们依据此方法读出图 4.3-6 所示电阻箱总电阻值.

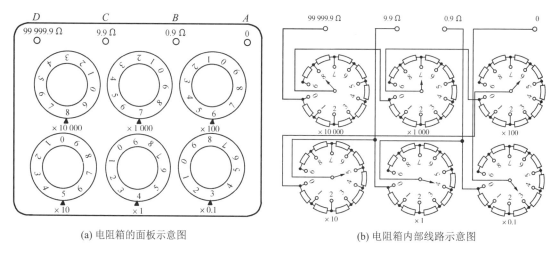

(a) 电阻箱的面板示意图　　　　　　　　(b) 电阻箱内部线路示意图

图 4.3-5　旋转式电阻箱

电阻箱的规格有:

(1) 总电阻,即最大电阻.图 4.3-5、图 4.3-6 所示电阻箱最大电阻为 99 999.9 Ω.

(2) 额定功率,即电阻箱内各电阻的额定功率.通常同倍率的电阻的额定功率相同.

电阻箱与滑动变阻器一样,均可改变连入电路的电阻大小,从而改变电路中的电流.但滑动变阻器接入电路的阻值不能被直接读出,即接入电阻的阻值未知.若需要既能调节电阻大小又能够知道接入电阻的阻值,应选用电阻箱.相比滑动变阻器,电阻箱的缺点是阻值不能连续变化.

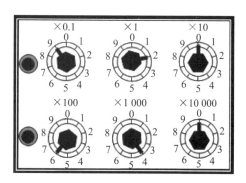

图 4.3-6　电阻箱读数举例

二、电感

电感是指能把电能转化为磁能而存储起来的元件.如图 4.3-7(a)所示,电感用绝缘导线绕制而成.电感在电路中用 L 表示[图 4.3-7(b)],具有隔离交流信号、滤波、与电容和电阻组成谐振电路等功能.

电感在电路中具有阻碍电流变化的作用,即"通直流,阻交流"的作用.线圈中电流发生变化时会形成感应磁场,感应磁场会产生感应电流,从而抵制线圈中的电流变化.在图 4.3-8 所示电感电路中,开关 S 由断开变为闭合,灯泡 A_2 在开关闭合瞬间变亮,灯泡 A_1 则由于电感阻碍电流增加的原因,逐渐变亮.若将闭合开关断开,两个灯泡也不会立刻熄灭,而是由于

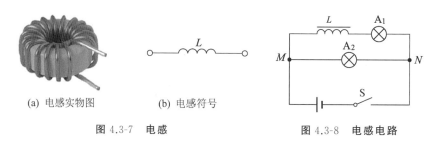

(a) 电感实物图　　　　　(b) 电感符号

图 4.3-7　电感　　　　　　　　　　**图 4.3-8　电感电路**

电感阻碍电流减小,逐渐变暗直至熄灭.

电感的电感量(也称自感系数)是指当电感通有交流电、产生感应电动势时,感应电动势大小与交流电变化率的比值.电感量主要由线圈匝数、绕制方式、有无磁芯及磁芯材料决定.电感量的单位为亨利,用字母"H"表示.

实验中使用电感时应注意以下几点:

(1) 电感的磁芯及绕线在接入电路时间久了以后容易升温,继而导致电感量发生改变,因此在使用时需注意温度应在规格范围内.

(2) 在使用漆包线绕制的电感线圈时,不要随便拨弄线圈改变线圈间距,否则会改变原有的电感量.

(3) 在使用电感时需注意其性能参数,应选用电感量、额定电流、体积大小符合电路要求的电感.

三、电容

电容是能容纳电荷的元件.如图 4.3-9(a)所示,两个相互靠近的导体,中间装有绝缘介质,就构成了电容.电容在电路中用 C 表示[图 4.3-9(b)],有隔直流、通交流,存储电荷电能,滤波,与电感和电阻组成谐振电路的作用.

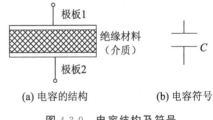

(a) 电容的结构　　　(b) 电容符号

图 4.3-9　电容结构及符号

当电容两端接有直流电源时,电容瞬间被充电,但充电时间极短,电流也就存在于充电那一瞬间.充电结束后,电路中不再有电流,所以电容有"隔直流"作用.若电容接有交流电源,因交流电的大小、方向不断改变,电容不断进行充放电,电路始终有电流流通,所以说电容"通交流".

电容的电容量(电荷的容纳能力)是指电容两极板电压升高 1 V 时电容能够存储的电荷量.数值上等于一个极板上电量与两极板之间电压之比.电容量的单位是法拉,符号为 F[常用单位有微法(μF)、皮法(pF)].

电容的电容量与极板形状、几何尺寸、内部电介质有关,与电容带电量、电压无关,这种电容被称为物理电容.物理电容容量较小,比如偌大的地球的电容仅有 708 μF.在电力电子工程中,电容作为储能元件需要较大的电容量.二十世纪七八十年代出现了超级电容.超级电容具有较大的电容量,且比能量(单位质量具有的能量)大、充放电时间短、充放电次数可达十万次,能够满足储能要求.超级电容被广泛应用于电子电力设备、新能源汽车中,且未来前景会更加广阔.

使用电容时需要注意以下几点:

(1) 在使用电容之前,应对电容质量、性能参数进行检查,以防接入不符合要求的电容.加载至电容的直流电压不得超过其额定电压;否则会损坏电容,导致电路短路,引发火灾.

(2) 铝电解电容为双极性结构.将铝电解电容接入电路中时一定要注意它的极性不能接反;否则会造成漏电流大幅上升,使电容很快发热而损坏.双极性电容不适用于交流应用.

(3) 电容并联使用时,总电容等于各分电容之和,但工作电压不可大于其中最低额定电压.

(4) 电容串联使用时可增加其耐压值,总电容倒数等于各分电容倒数之和.

4.3.4 二极管

一、二极管的结构

二极管是由半导体材料制成、具有单向导电性能的电子元件.如图 4.3-10 所示,二极管由一个 PN 结加上相应的电极引线及管壳封装而成.

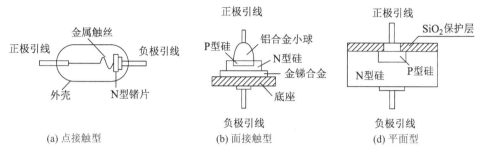

图 4.3-10 二极管结构图

半导体二极管符号如图 4.3-11 所示.其应用十分广泛.按应用不同,二极管可分为整流二极管、稳压二极管、发光二极管、光电二极管、变容二极管等.

图 4.3-11 二极管符号

二极管的单向导电性通常用它的伏安特性来表示.二极管的伏安特性指流过二极管的电流与二极管两端电压的关系曲线,如图 4.3-12 所示.

二、正向特性

将二极管正极接高电位,负极接低电位,这种连接方式为正向偏置(图 4.3-12 第一象限).此时若二极管正向电压很小,二极管不导通,正向电流很小,这段曲线称为死区.当二极管正向电压增加到一定值(硅管电压为 $0.6 \sim 0.7$ V,锗管电压为 $0.2 \sim 0.3$ V)时,正向电流就会明显增加,二极管导通.导通后,二极管两端电压保持不变(硅管电压为 0.7 V,锗管电压为 0.3 V),称为二极管的"正向压降".

三、反向特性

将二极管正极接低电位,负极接高电位,此时二极管处于截止状态(几乎没有电流流过),这种连接方式称为反向偏置(图 4.3-12 第三象限接近水平的部

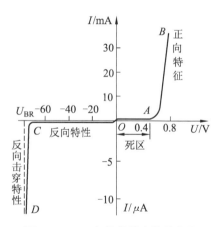

图 4.3-12 二极管的伏安特性曲线

分).二极管处于反向偏置时,仍然会有微弱的反向电流流过二极管.该电流称为漏电电流.反向电流(漏电电流)有两个显著特点:一是受温度影响很大;二是反向电压不超过一定范围时,其电流大小基本不变,即与反向电压大小无关.因此,反向电流又称为反向饱和电流.

四、反向击穿特性

当反向电压增大到一定数值时,反向电流剧增,二极管被反向击穿且失去单向导电性,此时的电压称为反向击穿电压.二极管被反向击穿时,若没有过热,则其单向导电性未被永久破坏,其性能可恢复;若过热,则被烧损.因此,使用二极管时应避免反向电压过高引起反

向击穿.

4.3.5　电表

电磁学实验中经常需要知道电路中有无电流通过、通过元件的电流大小、元件两端电压大小等,此时需借助检流计、电流表或电压表来测量.这些仪表具有灵敏度高、超过量程容易被烧损等特点,所以我们在选用合适电表进行实验之前,必须先熟悉它们的结构、原理、使用方法和注意事项等.

一、检流计

检流计是检测微弱电流或判断两点电位是否相等的高灵敏度机械式指示电表,被广泛应用于电桥、电位差计中.检流计的主要规格有电计常数(指针偏转一小分格所对应的电流值,通常数量级为 $10^{-6} \sim 10^{-7}$ A/格)和内阻(几十欧到几千欧不等).检流计有指针式和直流光点式两类.下面介绍两种实验室常用检流计的用法、结构和注意事项等.

(一)AC5/4 型指针式检流计

如图 4.3-13 所示,AC5/4 型指针式检流计外表面有正负接线端、红白表针锁扣、"电计"按键、"短路"按键及刻度盘等.其指针零点在刻度的中央,便于检测不同方向的电流.其内部结构如图 4.3-14 所示.使用时需注意如下事项:

(1)若流过检流计的电流较大(检流计两端电位差较大),检流计指针会被打弯或检流计线圈会被烧坏.因此,使用检流计时必须串联一个大电阻,限制流经检流计的电流大小,保护检流计.

(2)搬运、存放检流计时,需将表针锁扣拨至红色圆点,锁住指针,保护检流计扭丝.使用检流计时再将表针锁扣拨回白色圆点.

(3)按下"电计"按键,检流计接入电路.若发现指针动,则需要立即松开"电计"按键.然后调节电路,重新按下"电计"按键,再判断.多次重复,直至按下"电计"按键,检流计指针几乎不动为止.

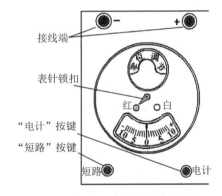

图 4.3-13　AC5/4 型指针式检流计外形图

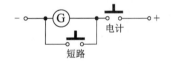

图 4.3-14　AC5/4 型指针式
检流计内部结构图

(4)松开"电计"按键后,指针会长时间晃动,此时可按下"短路"按键,使指针停止转动.

(5)"电计"按键与"短路"按键通常为常开状态,若想变为常闭状态,可按住按键右旋;若想恢复为常开状态,则按住它们左旋弹出即可.

(二)AC15/4 型直流光点式检流计

AC15/4 型直流光点式检流计灵敏度很高,其面板如图 4.3-15 所示.面板上开关、旋钮功能如下:

(1)电源选择开关:照明器可选择 220 V 或 6 V 电源.

(2)"零点调节"旋钮:用于粗调光标零点.标度尺上的活动调零器可细调光标零点.

(3)"＋""－"接线柱:可将检流计接入电路.电流若从"＋"端流入,"－"端流出,检流计光标向右偏转;电流若从"－"端流入,"＋"端流出,检流计光标向左偏转.

（4）"分流器"选择开关：有"短路""直接""×1""×0.1""×0.01"挡可选，其电路图如图4.3-16 所示.

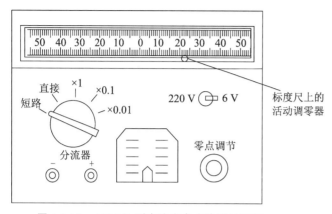

图 4.3-15　AC15/4 型直流光点式检流计面板

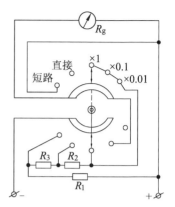

图 4.3-16　AC15/4 型直流光点式
检流计分流器电路图

① "短路"挡.选择"短路"挡，检流计线圈短路，避免检流计拉丝震荡而损坏，其等效电路如图 4.3-17（a）所示.当光标在测量过程中不断摇晃时，将"分流器"选择开关置于"短路"挡可使光标停下.此挡可用于改变电路、移动检流计或测量结束后.

② "直接"挡.选择"直接"挡时，电流全部经过检流计线圈，其等效电路如图 4.3-17（b）所示.若测量时

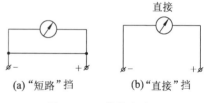

图 4.3-17　等效电路图

在标尺上找不到光标，在不给检流计通电的情况下，可选择"直接"挡使检流计轻微摆动.如有光标扫过，则可调节"零点调节"旋钮，将光标调到标度尺内；若无光标，可检查照明灯泡是否损坏及对光是否不准.

③ "×1"挡.接入此挡时，其等效电路如图 4.3-18（a）所示，电阻 R_1，R_2，R_3 串联后与检流计并联，经过检流计的电流约等于总电流（比例为 1）.

④ "×0.1"挡.接入此挡时，其等效电路如图 4.3-18（b）所示，检流计与 R_2 串联，与 R_1，R_3 串联，检流计所在支路与 R_1，R_3 所在支路并联且通过检流计的电流约为总电流的 0.1 倍.

⑤ "×0.01"挡.接入此挡时，其等效电路如图 4.3-18（c）所示，检流计与 R_2，R_3 串联后与 R_1 并联，检流计所在支路电流约为总电流的 0.01 倍.

实验时，应先选用"0.01"挡，此时 R_1 支路可分流 99% 的电流，仅 1% 的电流经过检流计.当偏转不大时，可逐步转到高灵敏度挡进行测量.

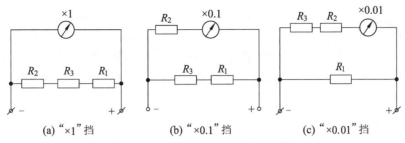

图 4.3-18   不同分流挡的等效电路图

二、电流表

电流表是用来测量电路中电流大小的仪表.在电路中,电流表的符号为"Ⓐ",如图 4.3-19 所示.电流表有直流电流表与交流电流表两种.物理实验室常用电流表为直流电流表,又叫安培表.如图 4.3-20 所示,直流电流表由表头线圈并联一个阻值较小的分流电阻而成.分流电阻越小,量程越大.

图 4.3-19   电流表符号

图 4.3-20   直流电流表的结构

直流电流表的主要规格有:

(1)量程.

量程是指指针满偏时的电流值.实验室电流表通常为多量程电流表.实验中应选用合适的量程接入电路,且正负极不能接反;否则会损坏电流表.

(2)内阻.

电流表的阻值通常较小.在选用电流表进行实验时,为了提高测量精度,需要根据实际情况选用内阻合适的电流表,并合理接入电路(电流表内接、外接对测量结果的影响不一样).通常量程越大的电流表内阻越小.一般电流表内阻小于 0.1 Ω,毫安表、微安表的内阻可达几百欧到几千欧.

三、电压表

电压表是测量电路中两点之间电压大小的仪表.如图 4.3-21 所示,直流电压表由灵敏电流计与大电阻串联改造而成.大电阻起分压和限流作用,并使绝大部分电压分在大电阻上,保护电流计.在理想情况下,电压表电阻非常大,在电路中相当于断路.

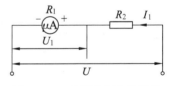

图 4.3-21   直流电压表的结构

电压表的主要规格有:

(1)量程.

量程是指指针偏转满格时的电压值.实验室电压表通常有多种量程可选.为保护电压表,测量前需要预先估计待测量电压,选用合适量程的电压表.

(2)内阻.

电压表内阻是指电压表两端的电阻.同一电压表不同量程对应不同的内阻.例如,$0-3$ V-6 V 的电压表,3 V 量程对应的内阻是 3 000 Ω,6 V 量程对应的内阻是 6 000 Ω.此电压表不同量程的每伏欧姆数都是 1 000 Ω/V,故电压表的内阻一般用 Ω/V 表示,对应量程的内阻等于量程乘以每伏欧姆数.

4.3.6 多用表

多用表又称为万用表,是可以测量电流、电压、电阻等物理量的仪表.多用表主要由表头、测量电路、转换开关三部分构成.如图4.3-22所示,多用表表盘上有各测量量(电阻、电压、电流)的标尺.将转换开关(图4.3-23)转换到不同位置,可接通不同测量电路,从而测量转换开关所指示的物理量.

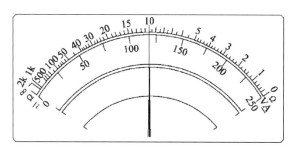

图 4.3-22 多用表表盘

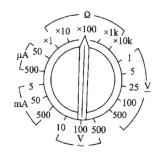

图 4.3-23 多用表转换开关示意图

多用表转换开关转到电压、电流位置时,不同数值表示不同量程.我们可根据实际需要选用合适量程进行测量.表盘上电压与电流标度均匀,我们可根据转换开关所指量程、表盘指针所在位置、表盘满偏数值确定测量值.例如,转换开关指向500 mA,指针如图4.3-22所示时,电流应是234 mA(指针满偏数值250对应500 mA,则实际电流应当是指针读数×2 mA.此图中指针所指位置数值约为117,指针读数×2 mA,可得结果234 mA).用多用表测量电压、电流与使用电压表、电流表测量方法一样,这里不再介绍.

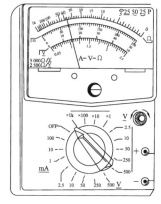

图 4.3-24 多用表测电阻读数举例

将多用表转换开关转到电阻位置时,不同数值表示倍率,电阻测量值应等于表盘读数乘以倍率.观察图4.3-22可知,表盘上电阻标度不均匀.如图4.3-24所示,转换开关转向倍率"1 k",表盘指针指向36,则电阻测量值应是36 kΩ.

多用表作为欧姆表使用时,其测量电路如图4.3-25所示,其中包含表头 R_g、干电池 E、可变电阻 R_0 及待测电阻 R_x.

通过表头的电流 I 使表头指针偏转,且电流 I 大小由式(4.3-1)计算可得:

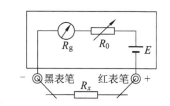

图 4.3-25 多用表测电阻原理图

$$I = \frac{E}{R_g + R_0 + R_x} \qquad (4.3\text{-}1)$$

当干电池电动势 E 一定时,电流 I 与回路总电阻成反比.待测电阻 R_x 不同,电流 I 不同,指针位置不同,且指针位置与待测电阻大小一一对应.将表头标度尺标上对应电阻值就可以当作欧姆表使用了.因电流与电阻值不成比例,故表上刻度不均匀.

根据式(4.3-1),待测电阻无穷大(两表棒断开),则电流 $I=0$,指针指在最左端;待测电阻为 0(两表棒短接),则电流值最大,指针指在最右端.若被测电阻与内阻相等,则电流值等于最大电流值的一半,指针指向表盘中间刻度位置.表盘中间刻度值就是欧姆表的内阻,被称为中值电阻,如图 4.3-26 所示.

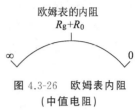

图 4.3-26　欧姆表内阻
(中值电阻)

干电池使用久了,电动势会下降,两表棒短接时,电流达不到满偏值,此时可调整电阻 R_0 的值,使指针满偏,这个过程称为欧姆表调零.

多用表使用方法及注意事项如下:

(1)使用多用表之前必须检查指针是否在左端零位置,若不是,需用小螺丝刀旋转机械调零旋钮,直到指针指零为止.

(2)测量时红、黑表笔分别插入"＋""－"插孔中.测电流、电压前要预先估计大小,选用合适的量程.若测电流,将电表串联到电路中,从红表笔流入电流,从黑表笔流出电流;若测电压,红表笔接高电势,黑表笔接低电势.

(3)测电阻时,要选用合适的欧姆挡.两表笔与待测电阻相连后,选用某一挡,使偏转角度在中间附近时,对应的挡即"合适的挡位".

(4)测量完毕,应将挡位置于最高交流电压挡或"空挡",防止下次使用不慎烧坏电表.

(5)测直流时应注意正负极性,防止撞弯指针.若不能确定正负极性,可采用"试触法".

(6)严禁在测试过程中旋转转换开关,选择其他量程.

(7)不可用多用表直接测量非正弦电压.若要测非正弦电压,需要对多用表进行改装.

(8)不允许直接测量电路中的电阻,同样地,已充电的电容也需要放电后方可进行测量.

(9)若不能估计被测量的大小,可先选用最大量程,然后逐渐减小直至找到合适的量程.

(10)当被测电压大于 100 V 时,必须注意安全,应养成单手操作双笔测量的习惯.

(11)若长期不用多用表,应取出内部电池.

4.3.7　标准器

标准器是物理参数准确、物理性能非常稳定的标准量具,可用作计量标准.电磁学实验中的标准器有标准电阻、标准电容、标准电感和标准电池.

一、标准电阻

标准电阻是用合金温度系数很小的锰铜线或锰铜条制成的稳定性很好的电阻器.通常将电阻器外壳与骨架焊接在一起,将电阻丝密封,以减少大气中温度等因素的影响.为了减小接线电阻、接触电阻,低值标准电阻外端设有四个端钮.在使用时,应避免猛烈冲击及剧烈的温度变化,并在小于额定功率下使用以保持其良好的稳定性.

二、标准电容

标准电容有气体电介质、固体电介质等种类.为了消除杂散电容的影响,常用屏蔽罩将电容屏蔽起来,并在屏蔽罩上设有接线端钮.标准电容通常有三个端钮:两个测量电极(记为"1"和"2"),一个绝缘屏蔽外壳端钮(记为"0").使用时,屏蔽外壳端钮与一个测量电极相接.

作为计量标准用的标准电容,按其在量值传递系统中的位置分为计量基准、计量标准及一般的工作标准量具三挡.较低挡标准电容的量值由较高挡传递.我国的标准电容从 0.01~0.2 级共分为 5 个级别.标准电容的量值通常是十进制的,其电容范围一般为 1 pF~1 μF,在特殊情况下也可以制成更小或更大的数值,或非十进制数值.使用标准电容时应注意:

(1)工作电压不可超过其额定电压.

(2)使用小容量标准电容时,需仔细考虑屏蔽防护措施,从而去除杂散电容的影响.

(3)在交流电路中使用大容量标准电容时,应注意引线带来的误差.

三、标准电感

标准电感是电感量非常准确稳定的电感,常用作计量标准,或装在电测量仪器内作为标准电感元件.标准电感有标准自感器、标准互感器两种.我国规定,作为计量标准用的标准电感,按其在计量检定系统表中的位置分为计量基准、计量标准和工作计量器具三挡.按计量检定系统表的规定,较低挡标准电感的量值由较高挡传递.使用标准电感时应注意:

(1)不使其工作电流超过允许值.

(2)标准电感应和周围的铁磁和金属物体保持较远的距离,避免杂散磁场的影响.

(3)可用交换端钮接线的方法来消除寄生耦合引起的误差.标准电感用于交流电路时,分布电容等寄生参数会使电感随着工作频率的不同而有所改变,所以其工作频率应尽量与检定时的频率一致.

四、标准电池

标准电池是电动势稳定、复现性好,常用于电压标准的电池.在测量、校准各种电池电动势时,标准电池作为辅助电池.根据电池中溶液情况,标准电池分为饱和式标准电池、不饱和式标准电池两种.20 ℃时,饱和式标准电池电动势为 1.018 55~1.018 68 V,不饱和式标准电池电动势为 1.018 60~1.019 60 V.且饱和式标准电池电动势稳定,温度系数(温度对电动势影响)较大;不饱和式标准电池温度系数较小,使用方便.

使用标准电池时应注意以下几点:

(1)标准电池不允许倾斜、摇晃或侧放;否则会引起不可逆变化,甚至损坏.

(2)标准电池不可作为电源使用,且使用时电流一般不能超过 1 μA;否则会引起不可逆改变甚至损坏.

(3)存放、使用标准电池时需保证温度、湿度符合规定.使用标准电池前需测量室温并利用公式修正标准电池电动势,一般温度范围为 0 ℃~40 ℃.

(4)标准电池不可以受阳光、灯光直射,受光照容易变质、损坏.

(5)标准电池极性不能接反.

第 5 章

力学和热学实验

实验 5.1　长度的测量和固体密度的测定

【实验目的】

1. 学会用游标卡尺、螺旋测微器测量长度.
2. 学会用物理天平测量质量.
3. 掌握记录实验数据的方法,并学会计算物体的密度.

【实验仪器】

米尺、游标卡尺、螺旋测微器、物理天平、待测物体(不规则工件、圆柱体).
实验仪器如图 5.1-1 所示.

图 5.1-1　实验仪器

【实验原理】

已知圆柱体的直径 d、高度 h,则圆柱体的体积 $V=\dfrac{1}{4}\pi d^2 h$.

若质量 m 也已知,还可以得到圆柱体的密度 $\rho=\dfrac{m}{V}=\dfrac{4m}{\pi d^2 h}$.

【实验内容及步骤】

1. 图 5.1-2 为不规则工件的结构示意图.用游标卡尺测量不规则工件的对应的高度和直径,在不同位置测量 3 次,将数据记录在表 5.1-1 中.

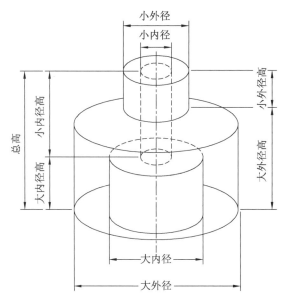

图 5.1-2 不规则工件的结构示意图

2. 用螺旋测微器测量圆柱体的直径和高度(图 5.1-3),在不同位置测量 3 次,将数据记录在表 5.1-2 中.

图 5.1-3 用螺旋测微计测量圆柱体的直径

3. 用物理天平测量圆柱体的质量,测量 3 次,将数据记录在表 5.1-2 中.
4. 计算圆柱体的密度.

【思考题】

1. 用天平称量圆柱体的质量时,如何消除天平不等臂引起的误差?
2. 螺旋测微器有零点读数时,如何测出物体的真实长度?
3. 实验结束后,存放游标卡尺时需要注意哪些事项?

【数据记录及处理】

实验 5.1　长度的测量和固体密度的测定

班级：_____姓名：_____学号：_____实验日期：_____

表 5.1-1　不规则工件的高度和直径

单位：mm

次数	1	2	3
总高			
大外径高			
小外径高			
大内径高			
小内径高			
大外径			
小外径			
大内径			
小内径			

表 5.1-2　圆柱体的密度

次数	1	2	3
直径/mm			
高/mm			
质量/g			
密度/(g/cm^3)			
平均密度/(g/cm^3)			

评分：_____

教师签字：_____

"实验 5.1　长度的测量和固体密度的测定"预习报告

班级：_____　姓名：_____　学号：_____　实验日期：_____

实验 5.2　用气垫导轨验证牛顿第二定律

气垫导轨是一种现代化的力学实验仪器.验证动量守恒定律、牛顿第二定律时,需尽量减少摩擦力带来的影响.气垫导轨利用小型气源将压缩空气送入导轨内腔,空气再由导轨表面上的小孔中喷出,在导轨表面与滑块内表面之间形成很薄的气垫层.由于空气的摩擦因数非常小,空气与物体之间的摩擦力几乎可忽略不计,利用气垫导轨验证动量守恒定律、牛顿第二定律,极大地减小了由摩擦力引起的误差.

【实验目的】

1. 了解气垫导轨的构造和性能,熟悉气垫导轨的调节和使用方法.
2. 了解光电计时系统的工作原理,学会用光电计时系统测量短暂时间的方法.
3. 掌握在气垫导轨上测定速度、加速度的原理和方法.
4. 从实验上验证 $F=ma$ 的关系式,加深对牛顿第二定律的理解.

【实验仪器】

气垫导轨、光电计时系统、光电门、滑块、挡光片、砝码、细绳、电子秤等.
实验装置图如图 5.2-1 所示.

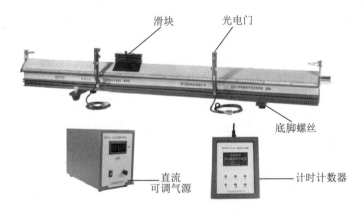

图 5.2-1　实验装置图

【实验原理】

一、用气垫导轨验证牛顿第二定律

牛顿第二定律表明,一个物体的加速度与其所受合外力成正比,与其本身质量成反比,且加速度的方向与合外力的方向相同,其数学表达式为 $F=ma$.

图 5.2-2 为运用气垫导轨验证牛顿第二定律的实验原理图.滑块上方装有 U 形挡光片(图 5.2-3),滑块经细绳与砝码盘相连.此时滑块在水平拉力 F 的作用下做匀加速运动.当滑块运动到光电门 1、光电门 2 的位置时,通过计时计数器可将滑块经过两个位置时的瞬时速度 v_1、v_2 测量出来.根据气垫导轨上的标尺,读出两光电门的中心距离 s,即可算出滑块的加速度 a.

本实验采用改变牵引砝码的质量来逐次改变作用力 F 的大小.重复上述实验,分别测出各作用力下的加速度 a,验证两者满足如下关系:$F=ma$.

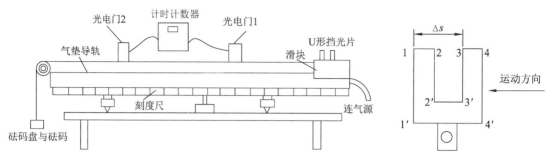

图 5.2-2　牛顿第二定律验证实验原理图

图 5.2-3　U 形挡光片

二、速度的测量

速度的测量是通过气垫导轨上的光电计时系统实现的.光电计时系统包括光电门、触发器和数字毫秒计(或频率计、计数器).一般触发器已装在数字毫秒计壳内.导轨的一侧或两侧安装有两个(或多个)可以移动的光电门,它们是计时装置的传感器.每个光电门有一个光电二极管,被一个发光二极管照亮,如图 5.2-4 所示.

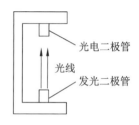

图 5.2-4　光电门

由图 5.2-3 可见,U 形挡光片有四条互相平行的边 $11'$、$22'$、$33'$、$44'$.将挡光片固定在滑块上并随滑块一起运动.当挡光片随滑块自右向左运动并通过光电门时,挡光片的四条边依次经过发光二极管.当第一条边 $11'$ 经过时,触发器输出信号,计时计数器开始计时;当第三条边 $33'$ 经过时,挡光片再次挡光,触发器又输出第二个信号,计时计数器停止计时.于是计时计数器显示的时间 Δt_1 就是滑块经过 Δs 距离所用的时间,Δs 是 $11'$ 边与 $33'$ 边之间的距离.于是,滑块通过光电门 1 附近的瞬时速度 v_1 就可用式

$$v_1 = \frac{\Delta s}{\Delta t_1} \qquad (5.2\text{-}1)$$

计算.

同理,我们可以利用式

$$v_2 = \frac{\Delta s}{\Delta t_2} \qquad (5.2\text{-}2)$$

测得滑块通过光电门 2 附近的瞬时速度 v_2,式中的 Δt_2 就是滑块运动到光电门 2 处经过 Δs 距离所用的时间.

三、加速度的测量

加速度的测量同样是通过气垫导轨上的光电计时系统实现的,其测量原理如图 5.2-5 所示.

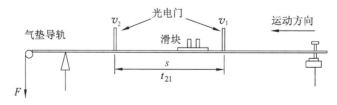

图 5.2-5　加速度测量原理图

方法一:从计时计数器上读出滑块通过两光电门之间距离所需时间 t_{21},由加速度的定义,可得

$$a = \frac{v_2 - v_1}{t_{21}} \tag{5.2-3}$$

方法二:从导轨上内置的标尺读出两光电门之间的距离 s,即可由式(5.2-4)求得加速度 a,即

$$a = \frac{v_2{}^2 - v_1{}^2}{2s} \tag{5.2-4}$$

【实验内容及步骤】

1. 正确连接设备.如图 5.2-6 所示,将气泵与计时计数器用电源线接入电源,任选计时计数器上两个通道,与光电门 1、光电门 2 相连.

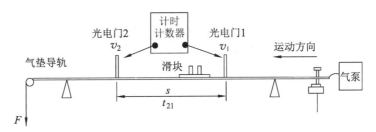

图 5.2-6　设备连线示意图

2. 选择合适的挡光片并安装在滑块上方,将挡光片的计时宽度 Δs 记录在表 5.2-1 中.

3. 用电子秤准确称出滑块(含挡光片)的质量,并记录在表 5.2-1 中.

4. 调整气垫导轨下方的底脚螺丝,使导轨处于水平状态.打开气泵开关,检验导轨水平,把滑块放在导轨中央,使滑块在导轨上保持不动或稍微左右摆动.

5. 小心安装,调节导轨上的滑轮,使其既转动自如又松紧适中.

6. 将拴在砝码盘上的细线跨过滑轮并通过端盖上的小孔挂在滑块侧面的小钩上.

7. 选好滑块起始位置,并将两个光电门拉开一定距离,固定在气轨底座上,注意砝码盘着地前,滑块要能通过靠近滑轮一侧的光电门,并量出两光电门的中心距离 s.

8. 让滑块在力 F 的作用下运动(加速度近似取 9.80 m/s^2),记录滑块经过光电门 1 和光电门 2 所需要的时间 Δt_1,Δt_2,其中 $v_1 = \frac{\Delta s}{\Delta t_1}$,$v_2 = \frac{\Delta s}{\Delta t_2}$($\Delta s$ 为挡光片的计时宽度),滑块运动的加速度 a 可按 $a = \frac{v_2{}^2 - v_1{}^2}{2s}$ 公式计算.

9. 增加砝码,逐次改变作用力 F 的大小,重复上述实验,分别测出各作用力下的加速度 a.

【注意事项】

1. 在使用气垫导轨的过程中,切忌碰撞、重压导轨和滑块,以防止变形.使用前轨面和滑块内表面要擦拭干净,不要用手抚摸涂拭.使用时要先通气源,再将滑块放在导轨上.不能未通气就将滑块放在轨面上拖动,否则会擦伤表面.使用完毕,先取下滑块,后关气源.

2. 喷气小孔孔径仅 0.6 mm.应注意气源压缩空气中不能有灰尘、水滴、水汽和油滴,以免堵塞小孔.如果发现小孔被堵塞,应及时用 0.5 mm 孔径的钢丝捅一下孔,同时检查气泵过滤网是否完好.若有问题,应及时解决.

3. 实验完毕,将轨面擦净,用防尘罩盖好.导轨不宜用油擦,因为油易吸附灰尘.

4. 往滑块上安装附件时,用力要适当.用手拨动滑块时,不可用力过猛.

5. 长期不使用气轨时,应恰当放置,以防导轨变形.

【思考题】

1. 使用气垫导轨时应注意什么?

2. 若导轨未完全调水平,对实验结果有什么影响?

3. 如何精细调节并确认导轨处于水平状态?

【数据记录及处理】

实验 5.2　用气垫导轨验证牛顿第二定律

班级：_____姓名：_____学号：_____实验日期：_____

1. 填写表格.

表 5.2-1　研究外力与加速度关系的测量数据表

滑块的质量 （含挡光片）=_____ g	挡光片的计时宽度 $\Delta s =$ _____ cm	两光电门之间的距离 $s =$ _____ cm

砝码 个数	砝码盘的 总质量 m_0/g	砝码的 质量 m/g	拉力 F/N	Δt_1/ (10^{-4} s)	v_1/ (cm/s)	Δt_2/ (10^{-4} s)	v_2/ (cm/s)	a/ (m/s^2)
1								
2								
3								
4								
5								

2. 验证牛顿第二定律：

3. 在坐标纸中画出 $F\text{-}a$ 关系图.

4. 请任选一道思考题作答.

评分：＿＿＿＿＿＿＿＿＿

教师签字：＿＿＿＿＿＿＿

"实验 5.2　用气垫导轨验证牛顿第二定律"预习报告

班级:_____姓名:_____学号:_____实验日期:_____

实验 5.3　用气垫导轨验证动量守恒定律

　　动量守恒定律是最早发现的一条守恒定律.法国哲学家兼数学家、物理学家笛卡儿对这一定律的发现做出了重要贡献.动量守恒定律、能量守恒定律及角动量守恒定律一起成为现代物理学中的三大基本守恒定律.动量守恒定律不仅适用于由两个物体组成的系统,也适用于由多个物体组成的系统;不仅适用于由宏观物体组成的系统,也适用于由微观粒子组成的系统.小到微观粒子,大到宇宙天体,无论内力是什么性质的力,只要满足守恒条件,动量守恒定律总是适用的.

【实验目的】

　　1.进一步了解气垫导轨的构造和性能,熟悉气垫导轨的调节和使用方法.
　　2.进一步了解光电计时系统的工作原理,学会用光电计时系统测量短暂时间的方法.
　　3.进一步掌握在气垫导轨上测定速度的原理和方法.
　　4.观察完全弹性碰撞和完全非弹性碰撞现象.
　　5.在完全弹性碰撞和完全非弹性碰撞两种情形下,验证动量守恒定律.

【实验仪器】

　　气垫导轨、光电计时系统、光电门、滑块、挡光片、电子秤等.

【实验原理】

　　一、用气垫导轨验证动量守恒定律

　　若系统不受外力或所受合外力为零,则系统的总动量将保持不变,这就是动量守恒定律.显然,在系统只包括两个物体,且两个物体沿一条直线发生碰撞的简单情形下,只要系统所受的合外力在此直线方向上为零,则在该方向上系统的总动量就保持不变.我们研究质量分别为 m_1 和 m_2 的两滑块组成的系统在水平气轨上发生碰撞.忽略阻尼力,则此系统在水平方向上不受外力作用,因此碰撞前后系统的动量守恒.以 v_{10} 和 v_{20} 分别表示两个滑块碰撞前的速度,v_1 和 v_2 分别表示两个滑块碰撞后的速度,根据动量守恒定律,则有

$$m_1 v_{10} + m_2 v_{20} = m_1 v_1 + m_2 v_2 \tag{5.3-1}$$

式中速度有正有负,如规定向右运动为正,向左运动则为负.

　　（一）完全弹性碰撞

　　水平气垫导轨上两个滑块的完全弹性碰撞不仅满足式(5.3-1),还满足机械能守恒定律,故有

$$\frac{1}{2}m_1 v_{10}{}^2 + \frac{1}{2}m_2 v_{20}{}^2 = \frac{1}{2}m_1 v_1{}^2 + \frac{1}{2}m_2 v_2{}^2 \tag{5.3-2}$$

由式(5.3-1)和式(5.3-2),可联立求得

$$\begin{cases} v_1 = \dfrac{(m_1 - m_2)v_{10} + 2m_2 v_{20}}{m_1 + m_2} \\ v_2 = \dfrac{(m_2 - m_1)v_{20} + 2m_1 v_{10}}{m_1 + m_2} \end{cases} \tag{5.3-3}$$

为了简化实验,可按以下情况予以验证动量守恒定律.

当 $m_1 = m_2$,$v_{20} = 0$ 时,式(5.3-3)可简化成

$$v_1 = 0, \quad v_2 = v_{10} \tag{5.3-4}$$

当 $m_1 \neq m_2$,$v_{20} = 0$ 时,式(5.3-3)可简化成

$$\begin{cases} v_1 = \dfrac{(m_1 - m_2)v_{10}}{m_1 + m_2} \\ v_2 = \dfrac{2m_1 v_{10}}{m_1 + m_2} \end{cases} \tag{5.3-5}$$

(二) 完全非弹性碰撞

两个滑块在水平气垫导轨上做完全非弹性碰撞时也满足动量守恒定律.这种碰撞的特点是碰撞后两个物体的速度相同,即

$$v_1 = v_2 = v \tag{5.3-6}$$

则式(5.3-1)可变为

$$m_1 v_{10} + m_2 v_{20} = (m_1 + m_2)v \tag{5.3-7}$$

实验在 $m_1 = m_2$ 及 $v_{20} = 0$ 的条件下进行,由式(5.3-7)可得

$$v = \frac{1}{2}v_{10} \tag{5.3-8}$$

二、速度的测量

速度的测量方法同实验5.2,此处不再赘述.

【实验内容及步骤】

一、准备工作

1. 将气泵与计时计数器接入电源,任选计时计数器上两个通道,与光电门1、光电门2相连.

2. 调整气垫导轨下方的底脚螺丝,使导轨处于水平状态.打开气泵开关,检验导轨水平,把滑块放至导轨中央,滑块应在导轨上保持不动或稍微左右摆动.

二、完全弹性碰撞验证动量守恒定律

1. 图 5.3-1 为完全弹性碰撞示意图.在两个滑块上方安装挡光片,并将挡光片的计时宽度 Δs_1 和 Δs_2(各挡光片上 $11'$ 边与 $33'$ 边之间的距离)记录在表 5.3-1 中.

2. 在两个滑块上安装弹性碰撞器,并用电子秤准确称出两个滑块(含挡光片、弹性碰撞器)的质量 m_1 和 m_2,并记录在表 5.3-1 中.

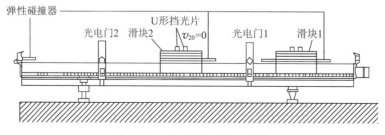

图 5.3-1　完全弹性碰撞示意图

3. 将 m_2 放在两光电门中间,使其静止($v_{20}=0$).将滑块 m_1 放在导轨一端,并将其轻轻推向 m_2,记下 m_1 经过光电门 1 时的时间间隔 Δt_{10}.两个滑块相碰后,m_1 以速度 v_1、m_2 以速度 v_2 向左运动.滑块 2 和滑块 1 依次经过光电门 2.依次记下滑块 2 与滑块 1 经过光电门 2 时的时间 Δt_2 和 Δt_1,将数据记录于表 5.3-1 中,并计算出对应的速度.

4. 重复上述测量 4 次.根据以上各次测量结果,计算碰撞前后的动量的平均值,验证碰撞前后的动量是否守恒.

三、完全非弹性碰撞验证动量守恒定律

1. 图 5.3-2 为完全非弹性碰撞示意图.将两个滑块上的弹性碰撞器取下,换上非弹性碰撞器.

2. 用电子秤称量带有非弹性碰撞器的两个滑块的质量 m_1 和 m_2.保持气垫导轨水平,将 m_2 静止于两个光电门之间.

3. 将 m_1 放在导轨一端,轻轻推动它去碰撞 m_2.当 m_1 通过光电门 1 时,记录 Δt_{10}.两个滑块相碰后,它们粘在一起以速度 v 向左运动.记录挡光片通过光电门 2 的时间 Δt_1.将数据记录于表 5.3-2 中,并计算出对应的速度.

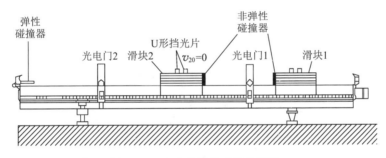

图 5.3-2　完全非弹性碰撞示意图

4. 重复上述测量 4 次.根据以上各次测量结果,计算碰撞前后的动量的平均值,验证碰撞前后的动量是否守恒.

【注意事项】

同实验 5.2.

【思考题】

1. 根据实际情况分析实验中引起测量误差的主要因素是什么?
2. 请说明动量守恒的条件是什么?举例说明生活中动量守恒的实际应用.

【数据记录及处理】

实验 5.3 用气垫导轨验证动量守恒定律

班级：_____ 姓名：_____ 学号：_____ 实验日期：_____

1. 填写表格：

表 5.3-1 完全弹性碰撞验证动量守恒定律

滑块 1 上的挡光片计时宽度 $\Delta s_1 =$ _____ cm	滑块 2 上的挡光片计时宽度 $\Delta s_2 =$ _____ cm	滑块 1（含挡光片、弹性碰撞器）的质量 $m_1 =$ _____ g 滑块 2（含挡光片、弹性碰撞器）的质量 $m_2 =$ _____ g

次数	碰撞前			碰撞后			
	$v_{20}/$ (cm/s)	$\Delta t_{10}/$ (10^{-4} s)	$v_{10}/$ (cm/s)	$\Delta t_2/$ (10^{-4} s)	$v_2/$ (cm/s)	$\Delta t_1/$ (10^{-4} s)	$v_1/$ (cm/s)
1							
2							
3	0						
4							
5							
平均值	0						

2. 验证完全弹性碰撞前后的动量是否守恒：

3. 填写表格：

表 5.3-2 完全非弹性碰撞验证动量守恒定律

滑块 1 上的挡光片计时宽度 $\Delta s_1 = $ _____ cm	滑块 2 上的挡光片计时宽度 $\Delta s_2 = $ _____ cm	滑块 1（含挡光片、非弹性碰撞器）的质量 $m_1 = $ _____ g 滑块 2（含挡光片、非弹性碰撞器）的质量 $m_2 = $ _____ g

次数	碰撞前			碰撞后	
	$v_{20}/$ (cm/s)	$\Delta t_{10}/$ $(10^{-4}\ \text{s})$	$v_{10}/$ (cm/s)	$\Delta t_1/$ $(10^{-4}\ \text{s})$	$v/$ (cm/s)
1					
2					
3	0				
4					
5					
平均值	0				

4. 验证完全非弹性碰撞前后的动量是否守恒：

5. 请任选一道思考题作答.

评分：_____

教师签字：_____

"实验 5.3　用气垫导轨验证动量守恒定律"预习报告

班级：_____　姓名：_____　学号：_____　实验日期：_____

实验 5.4 用倾斜气垫导轨测重力加速度

重力加速度是矢量,它的方向总是竖直向下的,它的大小可以用实验方法求出.测量重力加速度的方法有自由落体法、单摆法及倾斜气垫导轨法.本实验采用倾斜气垫导轨法测重力加速度.

【实验目的】

1. 进一步了解气垫导轨的构造和性能,熟悉气垫导轨的调节和使用方法.
2. 进一步了解光电计时系统的工作原理,学会用光电计时系统测量短暂时间的方法.
3. 进一步掌握在气垫导轨上测定速度的原理和方法.
4. 用倾斜气垫导轨法测定重力加速度.

【实验仪器】

气垫导轨、光电计时系统、光电门、滑块、挡光片、电子秤、垫块等.

【实验原理】

一、重力加速度的测量

如图 5.4-1 所示,用垫块将气垫导轨的一端垫高,形成一个倾角为 θ 的倾斜气垫导轨.将质量为 m 的滑块放在倾斜气垫导轨上,该滑块将在重力的作用下沿着斜面向下运动.由于气垫导轨大大减小了摩擦力,以至于摩擦力可以忽略不计.对滑块进行受力分析可知,它受到两个力:竖直向下的重力 mg 和斜面对物体的支持力 N.

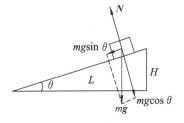

图 5.4-1 倾斜气垫导轨上滑块受力分析图

这两个力的合力为沿斜面向下重力的分力 $mg\sin\theta$,根据牛顿第二定律,有

$$mg\sin\theta = ma \tag{5.4-1}$$

整理后可得

$$g = \frac{a}{\sin\theta} \tag{5.4-2}$$

二、加速度 a 的测量

$$a = \frac{v_2{}^2 - v_1{}^2}{2s} = \frac{\Delta s^2}{2s}\left(\frac{1}{\Delta t_2{}^2} - \frac{1}{\Delta t_1{}^2}\right) \tag{5.4-3}$$

式中,Δs 为挡光片的宽度,s 为两光电门之间的距离,Δt_1,Δt_2 分别为挡光片通过光电门 1 和光电门 2 的挡光时间(详见实验 5.2).

三、倾角的测量

测出垫块的高度 H,记录在表 5.4-1 中.再将其垫在气垫导轨的一端,使气垫导轨与水平面成 θ 角.用米尺测出气垫导轨两支点间的距离 L,则

$$\sin\theta = \frac{H}{L} \tag{5.4-4}$$

【实验内容及步骤】

1. 将气泵与计时计数器接入电源,任选计时计数器上两个通道,与光电门 1、光电门 2 相连.

2. 调整气垫导轨下方的底脚螺丝,使导轨处于水平状态.打开气泵开关,检验导轨水平,把滑块放至导轨中央.滑块应在导轨上保持不动或稍微左右摆动.

3. 用游标卡尺测出垫块的高度 H 上端,再将其垫在气垫导轨的一端,使气垫导轨与水平面成 θ 角.用米尺测出气垫导轨两支点间的距离 L,记录在表 5.4-1 中.

4. 在滑块上方安装挡光片,并将挡光片的计时宽度 Δs(挡光片上 $11'$ 边与 $33'$ 边之间的距离)记录在表 5.4-1 中.

5. 将滑块从高处松手,使之自由滑动.整个过程中滑块上的挡光片两次经过光电门.读出此时挡光片经过光电门的时间 Δt_1,Δt_2,重复 4 次测量,将数据记录在表 5.4-1 中.

6. 改变气垫导轨的倾角 θ.取下较小垫块,换上较大垫块,重复步骤 3~5.

【注意事项】

同实验 5.2.

【思考题】

1. 根据实际情况分析实验中引起测量误差的主要因素是什么?

2. 若考虑空气的阻力,则重力加速度的计算公式应该如何修正?

【数据记录及处理】

实验 5.4　用倾斜气垫导轨测重力加速度

班级：_____ 姓名：_____ 学号：_____ 实验日期：_____

1. 填写表格：

表 5.4-1　重力加速度的测量

挡光片的计时宽度 $\Delta s =$ _____ cm		两个光电门之间的距离 $s =$ _____ cm		气垫导轨两个支点间的距离 $L =$ _____ cm			

	$H/$ cm	$\overline{H}/$ cm	$\Delta t_1/$ $(10^{-4}\ \text{s})$	$\Delta t_2/$ $(10^{-4}\ \text{s})$	$a/$ (m/s^2)	$\overline{a}/$ (m/s^2)	$g/$ (m/s^2)	$\overline{g}/$ (m/s^2)
1								
2								
3								
4								
5								

2. 请任选一道思考题作答.

评分：_____

教师签字：_____

"实验 5.4　用倾斜气垫导轨测重力加速度"预习报告

班级:_____姓名:_____学号:_____实验日期:_____

实验 5.5　弦振动的研究

【实验目的】

1. 观察在弦线上形成的驻波,并用实验确定弦线振动时驻波波长与张力的关系.
2. 在弦线张力不变时,用实验确定弦线振动时驻波波长与振动频率的关系.
3. 学习对数作图,并进行数据处理.

【实验仪器】

弦线上驻波实验仪 1 套、弦线 1 根、砝码与砝码盘 1 套.

实验装置示意图如图 5.5-1 所示,弦线的一端系在能在水平方向振动的可调频率数显机械振动源的振动簧片上,频率变化范围从 0~200 Hz 连续可调,频率最小变化量为 0.01 Hz,弦线一端通过定滑轮 7 悬挂一砝码盘 8;振动装置(振动簧片)的附近有可动刀口支架 4.实验装置上还有一个可沿弦线方向左右移动并撑住弦线的可动滑轮支架.固定滑轮 7 固定在实验平台 10 上,其产生的摩擦力很小,可以忽略不计.

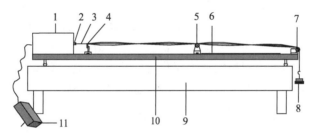

1—可调频率数显机械振动源;2—振动簧片;3—弦线;4—可动刀口支架;5—可动滑轮支架;6—标尺;7—固定滑轮;8—砝码与砝码盘;9—实验桌;10—实验平台;11—变压器.

图 5.5-1　弦线上驻波实验仪示意图

【实验原理】

在一根拉紧的弦线上,张力为 T,线密度为 μ,则沿弦线传播的横波应满足下述运动方程:

$$\frac{\partial^2 y}{\partial t^2} = \frac{T}{\mu} \cdot \frac{\partial^2 y}{\partial x^2} \tag{5.5-1}$$

式中,x 为波在传播方向(与弦线平行)的位置坐标,y 为振动位移.将式(5.5-1)与典型的波动方程

$$\frac{\partial^2 y}{\partial t^2} = v^2 \frac{\partial^2 y}{\partial x^2}$$

相比较,即可得到波的传播速度

$$v = \sqrt{\frac{T}{\mu}}$$

若波源的振动频率为 f,横波波长为 λ,由于波速 $v=f\lambda$,故波长与张力及线密度之间的关系为

$$\lambda = \frac{1}{f}\sqrt{\frac{T}{\mu}} \tag{5.5-2}$$

为了用实验证明式(5.5-2)成立,将该式两边取对数,得

$$\lg \lambda = \frac{1}{2}\lg T - \frac{1}{2}\lg \mu - \lg f \tag{5.5-3}$$

固定频率 f 及线密度 μ,而改变张力 T,并测出各相应波长 λ,作 $\lg \lambda$-$\lg T$ 图,若得一直线,计算其斜率值,如为 $\frac{1}{2}$,则证明了 $\lambda \propto T^{\frac{1}{2}}$ 的关系成立.同理,固定线密度 μ 及张力 T,改变振动频率 f,测出各相应波长 λ,作 $\lg \lambda$-$\lg f$ 图,如得一斜率为 -1 的直线就验证了 $\lambda \propto f^{-1}$.

弦线上的波长可利用驻波原理测量.当两个振幅和频率相同的相干波在同一直线上相向传播时,其所叠加而成的波称为驻波.一维驻波是波干涉中的一种特殊情形.弦线上出现许多静止点,称为驻波的波节.相邻两波节间的距离为半个波长.

若弦线下端所悬挂的砝码(包含砝码盘)的质量为 m,张力 $T=mg$,即在弦线上形成向右传播的横波.波传播到可动滑轮支架 5 与弦线相交点时,由于弦线在该点受到滑轮支架两壁阻挡而不能振动.波在切点被反射,形成了向左传播的反射波.这种传播方向相反的两列波叠加即形成驻波.当振动端簧片与弦线固定点至可动滑轮支架 5 与弦线交点的长度 L 等于半波长的整数倍时,即可得到振幅较大而稳定的驻波.振动端簧片与弦线固定点为近似波节,弦线与可动滑轮支架 5 相交点为波节.它们的间距为 L,则

$$L = n\frac{\lambda}{2} \tag{5.5-4}$$

式中,n 为任意正整数.利用式(5.5-4),即可测量弦上横波的波长.由于簧片与弦线固定点在振动时不易测准,实验也可将最靠近振动端的波节作为 L 的起始点,并用可动刀口支架 4 指示读数,求出该点离弦线与可动滑轮支架 5 相交点的距离 L.

【实验内容及步骤】

一、验证横波的波长 λ 与弦线中的张力 T 的关系

实验时,将变压器 11(黑色壳)输入插头与 220 V 交流电源接通,输出端(五芯航空线)与主机上的航空座相连接.打开数显机械振动源面板(图 5.5-2)上的电源开关 1.面板上显示振动源振动频率×××.××Hz.根据需要按"频率调节"按钮 2 中▲(增加频率)或▼(减小频率)键,改变振动源的振动频率.调节面板上的"幅度调节"旋钮 4,使振动源有振动输出;当不需要振动源振动时,可按面板上的"复位"键 3 复位,将数码管全部清零.

在某些频率(60 Hz)附近,由于振动簧片共振,使振幅过大,此时应逆时针旋转面板上的旋钮以减小振幅,便于实验进行(最好避开共振点做实验).当不在共振频率点工作时,可调节面板上的"幅度调节"旋钮 4 使输出最大.

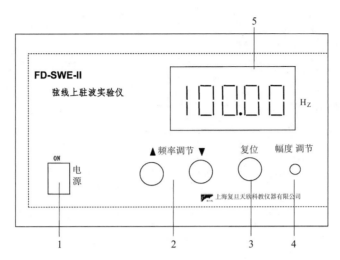

1—电源开关；2—"频率调节"按钮；3—"复位"键；4—"幅度调节"旋钮；13—频率指示屏.

图 5.5-2 数显机械振动源面板图

如固定一个波源振动的频率 $f = 90.00$ Hz，在砝码盘($m_0 = 42.26$ g)上添加不同质量的砝码，以改变同一弦上的张力 T.每改变一次张力(即增加一次砝码.每个砝码的质量 m 为 25.00 g)，均要左右移动可动刀口支架 4(保持在第一波节点)和可动滑轮支架 5 的位置，使弦线出现振幅较大而稳定的驻波.用实验平台 10 上的标尺 6 测量产生驻波的弦线长度 L 值，再根据在 L 长度内半波的数目 n，计算出波长 λ，将实验结果填入表 5.5-1.

二、验证横波的波长 λ 与波源振动频率 f 的关系

在砝码盘(42.46 g)上放置一个砝码(25.00 g)，以固定弦线上所受的张力 T，改变波源振动的频率 f，用驻波法测量各相应的波长，作 lg λ-lg f 图，求其斜率，取重力加速度 $g = 10$ m/s^2，将实验结果填入表 5.5-2.

【注意事项】

1.须在弦线上出现振幅较大而稳定的驻波时，再测量驻波的波长.

2.张力包括砝码与砝码盘的质量.砝码盘的质量用分析天平称量.

3.当发现波源发生机械共振时，应减小振幅或改变波源频率，以便调节出振幅大且稳定的驻波.

【思考题】

1. 求 λ 时为何要测几个半波长的总长？

2. 为了使 lg λ-lg f 直线图上的数据点分布比较均匀,砝码盘中的砝码质量应如何改变？

3. 为何波源的簧片振动频率要尽可能避开振动源的机械共振频率？

4. 弦线的粗细和弹性对实验各有什么影响,应如何选择？

【数据记录及处理】

实验 5.5　弦振动的研究

班级：_____　姓名：_____　学号：_____　实验日期：_____

1. 填写表格.

表 5.5-1　给定频率验证波长和张力的关系

m/g	25.00	50.00	75.00	100.00	125.00
$(m+m_0)/\mathrm{g}$					
L/cm					
n					
λ/cm					
T/N					
$\lg \lambda$					
$\lg T$					

2. 作出 $\lg \lambda$-$\lg T$ 关系图,并计算其斜率.

3. 填写表格

表 5.5-2　给定张力验证波长和频率的关系

f/Hz	50	60	70	85	100
L/cm					
n					
λ/cm					
$\lg \lambda$					
$\lg f$					

4. 作出 $\lg \lambda$-$\lg f$ 关系图,并计算其斜率.

5. 请任选一道思考题作答.

评分：＿＿＿＿＿＿＿＿＿

教师签字：＿＿＿＿＿＿＿＿

"实验 5.5　弦振动的研究"预习报告

班级：_____姓名：_____学号：_____实验日期：_____

实验 5.6 耦合摆的研究

【实验目的】

1. 观察耦合摆的振动规律,了解耦合摆的拍振现象.
2. 研究不同的耦合摆长度对振动系统的影响和规律.
3. 学会用作图法处理数据.

【实验仪器】

本仪器由耦合摆测试架(图 5.6-1)和多功能计时器(图 5.6-2)组成,其中多功能计时器操作说明详见《DHTC-3B 多功能计时器使用说明书》.

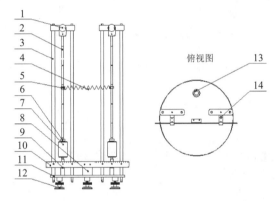

1—转动机构;2—摆杆;3—立柱;4—耦合弹簧;5—耦合位置调节环;6—微调螺母;7—摆锤;
8—水平尺固定架;9—振幅指针兼计数计时挡杆;10—振幅测量直尺;11—底盘;12—仪器水平
调整地脚;13—气泡式水准仪;14—光电门.

图 5.6-1 耦合摆测试架结构图

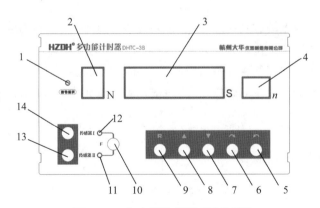

图 5.6-2 多功能计时器面板功能图

1. 信号指示灯:当传感器接收到触发信号后会闪烁一下.
2. 数据组数编号:N 从 0~9,共计 10 组.

3. 计时时间显示窗：单位为 s，自动切换量程.

4. 测试次数 n：在单传感器模式下，启动测试.传感器接收到触发信号后计时开始.此单元将动态显示触发次数.计满 n 次后，测试完成，面板上显示测试总时间 t.在双传感器模式下，n 默认为"2".启动测试，n 显示为"0".传感器Ⅰ触发后，n 显示为"1"，计时开始.传感器Ⅱ触发后，n 显示为"2"，计时结束.

5. 返回键：返回测试预备状态.

6. 开始键：启动计时功能.

7、8. 上下键：可用来设定次数 n 或查看数据组数 N.

9. 系统复位键：按键后仪器将返回开机上电状态，保存的数据将被清零.

10. 传感器切换功能键：可在传感器Ⅰ工作模式、传感器Ⅱ工作模式和双传感器工作模式之间切换.

11、12. 传感器工作状态指示灯.

13、14. 传感器接口.

【实验原理】

设一单摆，摆长为 L，则固有频率

$$\omega_0 = \sqrt{\frac{g}{L}} \tag{5.6-1}$$

式中，g 为重力加速度.

将两个完全相同的单摆通过一根弹簧耦合组成耦合摆，如果一个摆固定，另一个摆振动的频率就叫作支频率.支频率为

$$\omega = \sqrt{\frac{g}{L} + \frac{k}{m}} \tag{5.6-2}$$

式中，k 为弹簧的劲度系数，m 为单摆的有效质量.通过调整使固有频率相等后组成的耦合摆的两个支频率相等，即

$$\omega_1 = \omega_2 \tag{5.6-3}$$

实际上耦合系统的振动方式比较复杂，取决于初始条件.其存在两种特有的振动方式：一种是两个摆往同方向从平衡位置移开相等的距离引起的振动，即同相振动；另一种是两个摆从平衡位置往相反方向移开相等距离引起的振动，即反相振动.

反相振动和同相振动称作简正振动，其频率称为简正频率.反相振动时，其简正频率为

$$\omega_{反} = \sqrt{\frac{g}{L} + \frac{2k}{m}} \tag{5.6-4}$$

同相振动时，其简正频率（同固有频率）为

$$\omega_{同} = \sqrt{\frac{g}{L}} \tag{5.6-5}$$

在一般情况下，耦合系统的振动是这两个简正振动的组合，振动表现出拍振的性质.拍振频率 $\omega = \omega_{反} - \omega_{同}$.两个摆相继地发生振幅周期性增大和减小，能量在两个摆之间来回交替传递.

【实验内容及步骤】

1. 测定单个摆的固有振动频率.

测单个摆的固有振动频率 $\omega_0=\sqrt{\dfrac{g}{L}}$. 不加耦合弹簧,用光电门计时器,测出 10 个周期的时间,计算出振动频率.调整微调螺母,使两个摆在同样起始振幅下的振动周期相同.其误差<1%.

实验时计时周期数为 10,所以将多功能计时器预置次数设置为 20,振幅指针经过平衡位置 20 次.测试时用手在水平方向上移开摆锤,使振幅指针偏离平衡位置 25 mm 后放开.将测量周期记作 T_0,振动频率记作 f_0,将数据填入表 5.6-1 中.

2. 测定不同耦合长度(耦合点到摆杆转动轴心的距离,记作 L)时耦合系统的支频率、同相简正频率、反相简正频率和拍振频率.在耦合长度分别为 20 cm,25 cm,30 cm,35 cm,40 cm 时,依次测定耦合系统的支频率、同相简正频率、反相简正频率及耦合拍振频率.将测量数据记入表 5.6-2 中.

(1) 测定耦合系统的支频率 $\omega_1=\omega_2=\sqrt{\dfrac{g}{L}+\dfrac{k}{m}}$. 将两摆用弹簧连接起来,用手固定单摆 1(左面单摆),使单摆 2(右面单摆)振动,用光电门计时器测出 10 个周期的时间,计算振动频率.

(2) 测定耦合摆的同相简正频率(与自由振动的单摆固有频率相同)$\omega_{同}=\sqrt{\dfrac{g}{L}}$. 把两个摆往相同的方向,从平衡位置移开相等距离,使振幅指针偏离平衡位置 25 mm 后放开,用光电门计时器测出 10 个周期的时间,计算振动频率.

(3) 测定耦合摆的反相简正频率 $\omega_{反}=\sqrt{\dfrac{g}{L}+\dfrac{2k}{m}}$. 把两个摆从平衡位置对称地往相反方向拉开,即做反相振动,在两摆振幅指针偏离平衡位置 25 mm 后放开,用光电门计时器测出 10 个周期的时间,计算出振动频率.

3. 用弹簧耦合,验证在不同耦合长度时耦合长度的平方是否与拍频呈线性关系.

(1) 先观察拍振,握住左摆不动,拉开右摆 20 mm,然后同时释放两个摆,观察两个摆的振动情况.可以看到左摆相位总是落后于右摆相位.振动的能量从右边的摆逐渐转移到左边的摆,然后又从左边的摆逐渐返还到右边的摆,此时相位亦产生变换,右摆的相位又落后于左摆的相位.如此周期性地进行,可以明显地看到每个摆的振动都具有拍的特征.

(2) 用多功能计时器测出拍振周期,即测出一个摆相邻两次摆动中止的时间间隔,从而计算出拍振频率.实验证明:$\omega=\omega_{反}-\omega_{同}$.实验时,用左手固定单摆 1 摆锤(即左摆),右手沿水平方向移开单摆 2 摆锤(即右摆),使振幅指针偏离平衡位置 25 mm 后两手松开.

注意:实验时,学会测量耦合系统四种频率的方法后,每设定一个耦合长度,依次测定耦合系统的支频率、同相简正频率、反相简正频率和拍振频率,且每次测量时初始振幅须一致,如 20 mm.测量耦合系统的支频率、同相简正频率、反相简正频率时,计时周期为 10,将多功能计时器计时秒表预置次数设置为 20.根据耦合摆的拍振频率即可测算出其拍振周期.

实验时测量的是振动周期.因为角频率、频率、周期之间的关系为 $\omega = 2\pi f = \dfrac{2\pi}{T}$,在处理数据时,可根据需要计算出有关频率.由上述数据作 $f_{反}{}^2$-L^2 图,验证耦合长度的平方与反相振动频率的平方呈线性关系.

再由上述数据作 $f_{拍}$-L^2 图,说明拍频与耦合长度的平方呈线性关系.

【思考题】

1. 为什么调节摆杆上的微调螺母可以改变摆的固有频率?

2. 为什么在测量同相和反相简正频率时,应尽量使两摆的初始振幅相同?

3. 在耦合摆实验中,一个拍振周期指的是哪段时间?

【数据记录及处理】

实验 5.6　耦合摆的研究

班级：_____姓名：_____学号：_____实验日期：_____

1. 填写表格.

表 5.6-1　测定单个摆的固有振动频率

序号	单摆 1			单摆 2		
	$10T_0/\mathrm{s}$	T_0/s	$f_0/(1/\mathrm{s})$	$10T_0/\mathrm{s}$	T_0/s	$f_0/(1/\mathrm{s})$
1						
2						
3						
4						
5						
平均值						

表 5.6-2　不同耦合长度对振动系统的影响

耦合长度 L/cm	支频率 $10T/\mathrm{s}$	同相简正频率 $10T/\mathrm{s}$	反相简正频率 $10T/\mathrm{s}$	拍振频率 T/s
20				
25				
30				
35				
40				

2. 用作图法($f_{反}^2$-L^2)验证耦合长度的平方与反相振动频率的平方呈线性关系.

3. 用作图法($f_{拍}$-L^2)验证耦合长度的平方与拍频呈线性关系.

4. 请任选一道思考题作答.

评分：_____

教师签字：_____

"实验 5.6 耦合摆的研究"预习报告

班级:＿＿＿＿＿姓名:＿＿＿＿＿学号:＿＿＿＿＿实验日期:＿＿＿＿＿

实验 5.7　金属丝杨氏模量的测定(拉伸法)

【实验目的】

1. 用拉伸法测定金属丝的杨氏模量.
2. 学习光杠杆原理并掌握光杠杆的使用方法.
3. 学会用逐差法处理数据.

【实验仪器】

杨氏模量测定仪(图 5.7-1)、光杠杆(图 5.7-2)、尺读望远镜(图 5.7-3)、螺旋测微器、砝码、米尺.

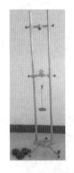　　

图 5.7-1　杨氏模量测定仪　　　　图 5.7-2　光杠杆　　　　图 5.7-3　尺读望远镜

【实验原理】

一、胡克定律及杨氏模量

杨氏模量是由拉伸物体时的应力和应变的关系求得的常数.此物理量由物理学家托马斯·杨提出,因而得名杨氏模量.

有一均匀的金属丝(或棒),长为 L,横截面积为 S,金属丝一端固定,另一端施以拉力 F,金属丝伸长了 ΔL.若用相对伸长 $\dfrac{\Delta L}{L}$ 表示其形变,则根据胡克定律:在弹性限度内,胁变(指在外力作用下的相对伸长 $\dfrac{\Delta L}{L}$)与胁强(单位面积上所受到的力)成正比,用公式表示为

$$\frac{\Delta L}{L}=\frac{1}{Y}\times\frac{F}{S} \text{ 或 } Y=\frac{FL}{S\Delta L} \tag{5.7-1}$$

式中,Y 为金属丝的杨氏模量,表征材料的强度性质,只与材料的质料有关,而与材料的形状、大小无关,单位为 N/m^2.

二、光杠杆镜尺法测量微小长度的变化

在式(5.7-1)中,在外力 F 的拉伸下,金属丝的伸长量 ΔL 是很小的量,用一般的长度测量仪器无法测量.本实验中采用光杠杆镜尺法测量.

如图 5.7-4 所示,平面镜直立在一个三足底板上.三个足尖 f_1,f_2,f_3 构成一个等腰三角

形, $f_1 f_2$ 为等腰三角形的底边, f_3 到该底边的垂直距离(即距离三角形底边上的高)记为 b,
为光杠杆常数.

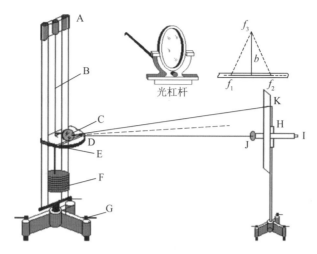

A—金属丝悬挂端;B—金属丝;C—光杠杆;D—凹槽;E—钢丝夹紧端;F—砝码;G—支架底角螺
丝;H—尺读望远镜;I—目镜;J—物镜;K—标尺.

图 5.7-4   杨氏模量仪和光杠杆

图 5.7-5 是用光杠杆测微小长度变化量的原理图.左侧曲尺状物为光杠杆镜,M 是反射
镜,D 为光杠杆平面镜到尺的距离.当加减砝码时,光杠杆 f_3 一端随被测金属丝的伸长、缩
短而下降、上升,从而改变了 M 镜法线的方向.金属丝原长为 L 时,从一个调节好的位于图
右侧的望远镜看 M 镜中标尺像的读数为 n_0;金属丝受力伸长后,光杠杆镜的位置变为虚线
所示,此时从望远镜上看到的标尺像的读数变为 n_i.这样,金属丝的微小伸长量为 ΔL,对应
光杠杆镜的角度变化量 θ,而对应的光杠杆镜中标尺读数变化则为 Δn,由光路可逆知,$\Delta n = n_i - n_0$,对光杠杆镜的张角应为 2θ.考虑到 $S = \dfrac{\pi d^2}{4}$,$F = mg$,从图中用几何方法可以得出:

$$Y = \frac{8FLD}{\pi d^2 b \Delta n} \tag{5.7-2}$$

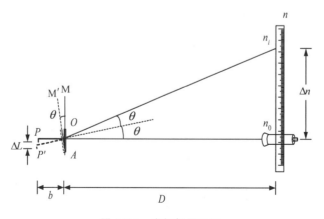

图 5.7-5   光杠杆原理图

关于光杠杆平面镜到尺的距离 D 值的测量,传统的方法是用米尺去直接测量,但这样做误差较大.现用尺读望远镜测量,D 值的测量可用如下公式得到:

$$2D = |X_下 - X_上| \times 100(\text{cm}) \qquad (5.7\text{-}3)$$

式中,$X_上$,$X_下$ 分别为望远镜筒中分划板(图 5.7-6)的上叉丝和下叉丝相应的读数值,且以厘米做单位,100 是尺常数,由厂家设计.亦可用

$$D = |X_下 - X_中| \times 100(\text{cm}) \qquad (5.7\text{-}4)$$

表示,其中,$X_中$ 为中叉丝相应的读数值.

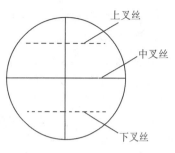

图 5.7-6　望远镜筒中分划板

【实验内容及步骤】

一、杨氏模量测定仪和尺读望远镜的调节

1. 挂好金属丝后,预加上一砝码,将线拉直,码钩与这一砝码拉力不计入以后的计算中.用米尺测量金属丝的长度 L(图 5.7-7),将结果记入表 5.7-1 中.应注意两端点的位置及上夹头平面到下夹头平面之间的距离.

2. 将光杠杆放置于平台上(图 5.7-8),旋松固定螺丝,移动光杠杆,使其前两个锥形足尖放入平台的沟槽内,后锥形足尖放在凹槽内,再旋紧螺丝,注意不能与金属丝相碰.之后再调节平面镜的仰角,使镜面垂直,即使光杠杆镜面法线与望远镜轴线大体重合.

3. 调整望远镜和标尺,使之基本与平面镜高度相同,沿望远镜上方使缺口、准星、平面镜中标尺的像三者在同一直线上(三点一线);左、右移动望远镜,在平面镜中找到标尺的像;若找不到,可微调镜子的角度,直至找到为止.

4. 旋动望远镜目镜,使十字叉丝清晰,再调"聚焦"旋钮,可以找到标尺;如果没有找到标尺,请不要过急调"聚焦"旋钮,可重新瞄准光杠杆平面镜中的标尺像(图 5.7-9),重复以上调试.记下此时标尺读数,代入式(5.7-3)或式(5.7-4),计算出光杠杆平面镜到尺读望远镜的距离 D,并将结果记入表 5.7-1.

图 5.7-7　测金属丝的原长

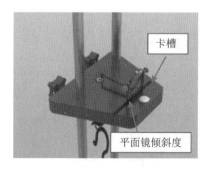

图 5.7-8　光杠杆的放置

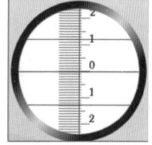

图 5.7-9　标尺的像

二、杨氏模量 Y 的测量

1. 逐次增加 6 个砝码(一个砝码重 1 kg),相应的望远镜中的中叉丝对应读数为 n_1',n_2',n_3',n_4',n_5',n_6',将相应的数据记录在表 5.7-2 中.再加一个砝码,不记录数据,注意缺口不要都朝一个方向.

2.然后将所加砝码逐次去掉,相应的望远镜中叉丝对应读数为 n_6'',n_5'',n_4'',n_3'',n_2'',n_1''.将相应数据记录在表 5.7-2 中.记数顺序需要注意:增重为从上向下,减重为从下向上.将对应的两组数据取平均值,注意是否相差过大.

3.用螺旋测微器测量金属丝的直径 d,选不同位置测量 5 次,将数据记录在表 5.7-3 中.

4.取下光杠杆,在展开的白纸上同时按下三个尖脚的位置,用直尺作出光杠杆后脚尖到两前脚尖连线的垂线,用游标卡尺测量光杠杆常数 b,记录在表 5.7-1 中.

5.用逐差法计算 Δn(注意所求 Δn 是加几块砝码的伸长量),求出杨氏模量.

【注意事项】

1.把光杠杆、望远镜、标尺调整好以后,在整个实验中要防止其位置变动.加减砝码要轻放轻取,避免晃动、倾斜,待金属丝静止后(2 min 左右)再读数.

2.观测标尺时眼睛正对望远镜,不得忽高忽低,以免引起视差.

【思考题】

1.仪器调节的步骤很重要,为在望远镜中找到直尺的像,事先应做好哪些准备? 试说明操作程序.

2.材料相同,但粗细、长度不同的两根金属丝,它们的杨氏模量是否相同?

3.加砝码后立即读数和过一会读数,读数值有无区别? 据此判断弹性滞后对测量结果有无影响.由此可得出什么结论?

【数据记录及处理】

实验 5.7　金属丝杨氏模量的测定(拉伸法)

班级:_____姓名:_____学号:_____实验日期:_____

1. 填写表格.

表 5.7-1　长度的测量

金属丝的原长 L/cm	光杠杆平面镜到尺读望远镜的距离 D/cm	光杠杆常数 b/mm

表 5.7-2　金属丝受外力后伸长量的测量

砝码质量/kg	$n_i{}'$(增砝码)	$n_i{}''$(减砝码)	n_i 平均值
1			
2			
3			
4			
5			
6			

表 5.7-3　金属丝直径的测量

次数	1	2	3	4	5	平均值
d/mm						

2. 用逐差法计算金属丝的杨氏模量($\Delta n_i = n_{i+3} - n_i$,$F = 3mg$).

3. 请任选一道思考题作答.

评分:_____

教师签字:_____

"实验 5.7 金属丝杨氏模量的测定(拉伸法)"预习报告

班级:_____ 姓名:_____ 学号:_____ 实验日期:_____

实验 5.8   液体表面张力系数的测量

【实验目的】

1. 了解液体的表面性质,掌握用拉脱法测量室温下液体的表面张力系数的方法.
2. 掌握用硅压阻力敏传感器测量微小力的原理和方法.
3. 学会用逐差法处理数据.

【实验仪器】

DH4607 型液体表面张力系数测定仪是一种用拉脱法测量液体表面张力系数的测定仪.图 5.8-1 为实验装置的结构图.

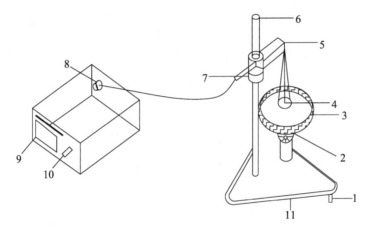

1—调节螺丝;2—升降螺丝;3—玻璃器皿;4—金属圆片;5—力敏传感器;6—支架;7—固定螺丝;8—航空插头;9—数字电压表;10—调零装置;11—底座.

图 5.8-1 实验装置的结构图

图 5.8-2 为液体表面张力测定装置图,其中,液体表面张力系数测定仪包括硅扩散电阻非平衡电桥的电源和测量电桥失去平衡时输出电压大小的数字电压表.其他装置包括铁架台、微调升降台、装有力敏传感器的固定杆、盛液体的玻璃皿和金属圆环等.实验证明,当金属圆环的直径在 3 cm 左右而液体和金属圆环接触的接触角近似为零时,运用式(5.8-1)测量各种液体的表面张力系数的结果较为正确.

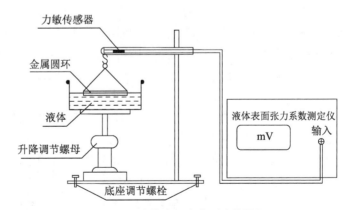

图 5.8-2 液体表面张力测定装置图

【实验原理】

一、液体表面张力系数的测量公式

将一表面洁净的金属圆环竖直地浸入液体中,然后缓慢地提起,这时金属圆环将带起一层液体膜(厚度约为 10^{-5} m),液面呈弯曲状,如图 5.8-3 所示.由于提拉是缓慢匀速的,金属圆环受竖直向上的拉力 F、竖直向下的重力 mg 以及沿着液面切线方向的液体表面张力 f 在竖直方向上的分力,处于平衡状态,则有

$$F = mg + f\cos\theta \tag{5.8-1}$$

图 5.8-3　收缩的纯净水膜

式中,θ 为接触角.在金属圆环提拉过程中,当提拉力 F 增大到一定程度,使接触角 $\theta = 0$ 时,液膜便会脱离,此时金属圆环受力平衡,则

$$F = mg + f \tag{5.8-2}$$

测量一个已知周长的金属片从待测液体表面脱离时需要的力,求得该液体表面张力系数的实验方法称为拉脱法.若金属片为圆环,考虑一级近似,可以认为表面张力为表面张力系数乘以脱离表面的周长 L,即

$$f = \alpha L = \alpha\pi(D_1 + D_2) \tag{5.8-3}$$

式中,f 为表面张力;D_1,D_2 分别为金属圆环的外径和内径;α 为液体的表面张力系数,单位为 N/m,数值上等于单位长度上的表面张力,即

$$\alpha = \frac{f}{\pi(D_1 + D_2)} \tag{5.8-4}$$

表面张力系数 α 与液体的种类、纯度、温度和上方的气体成分有关.实验表明,液体的温度越高,α 值越小;所含杂质越多,α 值也越小.只要上述这些条件保持不变,α 值就是一个常数.本实验的关键在于测定 $F - mg$,即金属圆环受到的向下的表面张力 f.本实验利用硅压阻力敏传感器将力的大小转换成电信号,实现对表面张力的间接测量.

二、硅压阻力敏传感器

硅压阻力敏传感器由弹性梁和贴在梁上的传感器芯片组成.芯片中有四个硅扩散电阻集成一个非平衡电桥,当外界压力作用于金属梁时,在压力作用下,电桥失去平衡,此时将有电压信号输出,且输出电压大小与所加外力成正比,即

$$\Delta U = KF \tag{5.8-5}$$

式中,F 为外力;K 为硅压阻力敏传感器的灵敏度,单位为 V/N;ΔU 为传感器的输出电压.

环形液膜即将拉断的一瞬间数字电压表读数 $U_1 = K(mg + f)$,液膜拉断后数字电压表读数 $U_2 = Kmg$.则两次电压的差值与表面张力成正比,即

$$\Delta U = U_1 - U_2 = Kf \tag{5.8-6}$$

将式(5.8-6)代入式(5.8-4),可得液体表面张力系数为

$$\alpha = \frac{f}{\pi(D_1 + D_2)} = \frac{\Delta U}{K\pi(D_1 + D_2)} \tag{5.8-7}$$

式(5.6-7)为本实验的测量公式.

【实验内容及步骤】

一、金属圆环的测量与清洁

1. 用游标卡尺测量金属圆环的外径 D_1 和内径 D_2,要求在不同的方位测 5 次,取平均值,并将测量结果填入表 5.8-1.

2. 金属圆环的表面状况与测量结果有很大的关系.实验前应将金属圆环用净水洗净,并用洁净纸擦干.

二、硅压阻力敏传感器的定标

每个力敏传感器的灵敏度都有所不同,实验前应先为其定标.定标步骤如下:

1. 打开仪器的电源开关,将仪器预热 15 min.

2. 在传感器梁端头小钩上挂上砝码盘,调节"调零"旋钮,使数字电压表显示为零.

3. 在砝码盘上分别加上 0.5 g,1.0 g,1.5 g,2.0 g,2.5 g,3.0 g 的砝码,记录在这些砝码作用下数字电压表的读数 U,并将测量结果填入表 5.8-2.

4. 用最小二乘法作直线拟合,求出传感器的灵敏度 K.

三、液体表面张力系数的测定

1. 将金属圆环挂在传感器的小钩上,调节升降台,将液体升至靠近金属圆环的下沿,观察金属圆环下沿与待测液面是否平行.如果不平行,将金属圆环取下后,调节金属圆环上的细丝,使金属圆环与待测液面平行.

2. 调节容器下的升降台,使其渐渐上升,将圆环的下沿部分全部浸没于待测液体中,然后反向调节升降台,使液面逐渐下降.这时,金属圆环和液面间形成一环形液膜.继续下降液面,测出环形液膜即将拉断的一瞬间数字电压表读数 U_1 和液膜拉断后一瞬间数字电压表读数 U_2.重复以上步骤 4 次,并将 5 次测量结果填入表 5.8-3.

3. 求出 5 次测量结果对应的 $\Delta U = U_1 - U_2$,并将 ΔU 代入式(5.8-7),求出液体的表面张力系数,并与标准值(表 5.8-4)进行比较.

【注意事项】

1. 金属圆环须严格处理干净.可用清洁水冲洗干净,并用洁净纸擦干.

2. 金属圆环水平须调节好.偏差 1°,则测量结果引入误差为 0.5%;偏差 2°,则误差达 1.6%.

3. 仪器开机需预热 15 min.

4. 旋转升降台时,要尽量使液体的波动小.

5 实验室内不可有风,以免金属圆环摆动致使零点波动,所测系数不正确.

6. 若液体为纯净水,在使用过程中要防止灰尘和油污及其他杂质污染.特别注意手指不要接触被测液体.

7. 硅压阻力敏传感器使用时用力不宜大于 0.098 N.过大的拉力易导致硅压阻力敏传感器损坏.

8. 实验结束,须将金属圆环用洁净纸擦干,用清洁纸包好,放入干燥缸内.

【思考题】

1. 在为硅压阻力敏传感器定标时,若初始未清零,则对仪器灵敏度有何影响?

2. 拉脱法的物理本质是什么?

3. 实验中怎样操作才能在水膜拉破瞬间得到比较准确的测量数值?

4. 实验中你可能会发现液膜不是在电压表读数最大时破裂,试解释之.

5. 若考虑拉起液膜的重量,实验结果应如何修正?

【数据记录及处理】

实验 5.8　液体表面张力系数的测量

班级：_____　姓名：_____　学号：_____　实验日期：_____

1. 金属圆环内、外径的测量.

表 5.8-1　金属圆环内、外径的测量

测量次数	1	2	3	4	5	平均值
外径 D_1/cm						
内径 D_2/cm						

2. 硅压阻力敏传感器的定标.

表 5.8-2　数字电压表的读数

砝码的质量/g	0.5	1.0	1.5	2.0	2.5	3.0
电压/mV						

用最小二乘法拟合得 $K=$_____ mV/N,拟合的线性相关系数 $r=$_____.

3. 液体表面张力系数的测量.

金属圆环外径 $D_1=$_____ cm,内径 $D_2=$_____ cm,水的温度 $t=$_____ ℃.

表 5.8-3　液体表面张力系数的测量

编号	U_1/mV	U_2/mV	ΔU/mV	f/N	α/(N·m^{-1})
1					
2					
3					
4					
5					

平均值:$\bar{\alpha}=$_____ N/m.

表 5.8-4   水的表面张力系数的标准值

水温 $t/℃$	10	15	20	25	30
$\alpha/(N \cdot m^{-1})$	0.074 22	0.073 22	0.072 75	0.071 97	0.071 18

4. 请任选一道思考题作答.

评分：_____

教师签字：_____

"实验 5.8　液体表面张力系数的测量"预习报告

班级：_____　姓名：_____　学号：_____　实验日期：_____

实验 5.9　金属比热容的测量

根据牛顿冷却定律,用冷却法测定金属或液体的比热容是量热学中常用的方法之一.若已知标准样品在不同温度的比热容,通过作冷却曲线,可测得各种金属在不同温度时的比热容.本实验以铜样品为标准样品,测定铁、铝样品在 100 ℃时的比热容.热电偶数字显示测温技术是当前生产实际中常用的测试方法,与一般的温度计测温方法相比,它有着测量范围广、计值精度高、可以自动补偿热电偶的非线性因素等优点.另外,它的电量数字化有助于监控工业生产自动化中的温度量.

【实验目的】

1. 了解牛顿冷却定律及金属的比热容.
2. 熟悉金属比热容测量仪的使用方法.
3. 掌握用冷却法测定金属比热容的实验原理和计算方法.

【实验仪器】

本实验装置由加热仪和测试仪组成(图 5.9-1).加热仪的加热装置可通过手轮自由升降.被测样品安放在有较大容量的防风圆筒即样品室内的底座上,测温热电偶放置于被测样品内的小孔中.当加热装置向下移动到底时,对被测样品进行加热;当被测样品需要降温时,则将加热装置向上移.仪器内设有自动控制限温装置,防止因长期不切断加热电源而引起温度不断升高.

测量样品温度时需要用由铜-康铜做成的热电偶来测量(其热电势约为 0.042 mV/℃).将热电偶的冷端置于冰水混合物中,带有测量扁叉的一端接到测试仪的"输入"端.热电势差的二次仪表由高灵敏度、高精度、低漂移的放大器加上三位半数字电压表组成.当冷端为冰点时,根据数字电压表显示的热电势,查表 5.9-1,即可换算成对应的待测温度值.

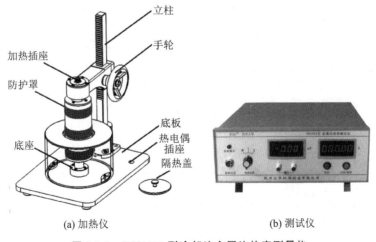

(a) 加热仪　　　　　　　(b) 测试仪

图 5.9-1　DH4603 型冷却法金属比热容测量仪

表 5.9-1 铜–康铜热电偶分度表

温度/℃	热电势/mV									
	0	1	2	3	4	5	6	7	8	9
−10	−0.383	−0.421	−0.458	−0.496	−0.534	−0.571	−0.608	−0.646	−0.683	−0.720
−0	0.000	−0.039	−0.077	−0.116	−0.154	−0.193	−0.231	−0.269	−0.307	−0.345
0	0.000	0.039	0.078	0.117	0.156	0.195	0.234	0.273	0.312	0.351
10	0.391	0.430	0.470	0.510	0.549	0.589	0.629	0.669	0.709	0.749
20	0.789	0.830	0.870	0.911	0.951	0.992	1.032	1.073	1.114	1.155
30	1.196	1.237	1.279	1.320	1.361	1.403	1.444	1.486	1.528	1.569
40	1.611	1.653	1.695	1.738	1.780	1.825	1.865	1.907	1.950	1.992
50	2.035	2.078	2.121	2.164	2.207	2.250	2.294	2.337	2.380	2.424
60	2.467	2.511	2.555	2.599	2.643	2.687	2.731	2.775	2.819	2.864
70	2.908	2.953	2.997	3.042	3.087	3.131	3.176	3.221	3.266	3.312
80	3.357	3.402	3.447	3.493	3.538	3.584	3.630	3.676	3.721	3.767
90	3.813	3.859	3.906	3.952	3.998	4.044	4.091	4.137	4.184	4.231
100	4.277	4.324	4.371	4.418	4.465	4.512	4.559	4.607	4.654	4.701
110	4.749	4.796	4.844	4.891	4.939	4.987	5.035	5.083	5.131	5.179
120	5.227	5.275	5.324	5.372	5.420	5.469	5.517	5.566	5.615	5.663
130	5.712	5.761	5.810	5.859	5.908	5.957	6.007	6.056	6.105	6.155
140	6.204	6.254	6.303	6.353	6.403	6.452	6.502	6.552	6.602	6.652
150	6.702	6.753	6.803	6.853	6.903	6.954	7.004	7.055	7.106	7.156
160	7.207	7.258	7.309	7.360	7.411	7.462	7.513	7.564	7.615	7.666
170	7.718	7.769	7.821	7.872	7.924	7.975	8.027	8.079	8.131	8.183
180	8.235	8.287	8.339	8.391	8.443	8.495	8.548	8.600	8.652	8.705
190	8.757	8.810	8.863	8.915	8.968	9.024	9.074	9.127	9.180	9.233

注意:不同的热电偶的输出会有一定的偏差,所以以上表格的数据仅供参考.

【实验原理】

单位质量的物质,其温度升高 1 K(或 1 ℃)所需的热量称为该物质的比热容,其值随温度的变化而变化.将质量为 M_1 的金属样品加热后,放到较低温度的介质(如室温的空气)中,样品将会逐渐冷却.其单位时间的热量损失 $\left(\dfrac{\Delta Q}{\Delta t}\right)$ 与温度下降的速率成正比,于是得到下述关系式:

$$\frac{\Delta Q}{\Delta t} = c_1 M_1 \frac{\Delta \theta_1}{\Delta t_1} \tag{5.9-1}$$

式中，c_1 为该金属样品在温度 θ_1 时的比热容，$\dfrac{\Delta\theta_1}{\Delta t_1}$ 为金属样品在温度 θ_1 时的温度下降速率.
根据冷却定律，有

$$\frac{\Delta Q}{\Delta t} = \alpha_1 S_1 (\theta_1 - \theta_0)^m \tag{5.9-2}$$

式中，α_1 为热交换系数，S_1 为该样品外表面的面积，m 为常数，θ_1 为金属样品的温度，θ_0 为周围介质的温度.由式(5.9-1)和式(5.9-2)，可得

$$c_1 M_1 \frac{\Delta\theta_1}{\Delta t_1} = \alpha_1 S_1 (\theta_1 - \theta_0)^m \tag{5.9-3}$$

同理，对质量为 M_2、比热容为 c_2 的另一种金属样品，可有同样的表达式：

$$c_2 M_2 \frac{\Delta\theta_2}{\Delta t_2} = \alpha_2 S_2 (\theta_2 - \theta_0)^m \tag{5.9-4}$$

由式(5.9-3)和式(5.9-4)，可得

$$\frac{c_2 M_2 \dfrac{\Delta\theta_2}{\Delta t_2}}{c_1 M_1 \dfrac{\Delta\theta_1}{\Delta t_1}} = \frac{\alpha_2 S_2 (\theta_2 - \theta_0)^m}{\alpha_1 S_1 (\theta_1 - \theta_0)^m}$$

所以

$$c_2 = c_1 \frac{M_1 \dfrac{\Delta\theta_1}{\Delta t_1}}{M_2 \dfrac{\Delta\theta_2}{\Delta t_2}} \cdot \frac{\alpha_2 S_2 (\theta_2 - \theta_0)^m}{\alpha_1 S_1 (\theta_1 - \theta_0)^m}$$

假设两个样品的形状、尺寸都相同(如细小的圆柱体)，即 $S_1 = S_2$，两个样品的表面状况相同(如涂层、色泽等)，周围介质(空气)的性质也不变，则有 $\alpha_1 = \alpha_2$.于是当周围介质温度不变(即室温 θ_0 恒定)，两个样品又处于相同温度 $\theta_1 = \theta_2 = \theta$ 时，上式可以简化为

$$c_2 = c_1 \frac{M_1 \left(\dfrac{\Delta\theta}{\Delta t}\right)_1}{M_2 \left(\dfrac{\Delta\theta}{\Delta t}\right)_2} \tag{5.9-5}$$

如果已知标准金属样品的比热容 c_1、质量 M_1，待测样品的质量 M_2 及两个样品在温度 θ 时的冷却速率之比，就可以求出待测金属样品的比热容 c_2.几种金属材料的比热容如表 5.9-2 所示.

表 5.9-2　几种金属材料的比热容

温度/℃	比热容/[cal/(g·K)]		
	c_{Fe}	c_{Al}	c_{Cu}
100	0.110	0.230	0.094 0

注：表中 1 cal=4.2 J.为了测量方便，此处仍用 cal 作为单位.

【实验内容及步骤】

开机前先连接好加热仪和测试仪，共有加热四芯线和热电偶线两组线.

1. 选取长度、直径、表面光洁度尽可能相同的三种金属样品(铜、铁、铝),用物理天平或电子天平秤出它们的质量 M_0.再根据 $M_{Cu} > M_{Fe} > M_{Al}$ 这一特点,把它们区别开来.

2. 将热电偶端的铜导线与数字表的正端相连,冷端铜导线与数字表的负端相连.将样品加热到150 ℃(此时热电势显示约为6.7 mV)时,切断电源,移去加热源,把样品继续安放在与外界基本隔绝的有机玻璃圆筒内自然冷却(筒口须盖上盖子),记录样品的冷却速率 $\left(\dfrac{\Delta\theta}{\Delta t}\right)_{\theta=100 ℃}$ (具体做法是:记录数字电压表上示值约从 $E_1 = 4.36$ mV 下降到 $E_2 = 4.20$ mV 所需的时间 Δt,因为数字电压表上的值显示数字是跳跃性的,所以 E_1、E_2 只能取附近的值),从而计算出 $\left(\dfrac{\Delta E}{\Delta t}\right)_{E=4.20 \text{ mV}}$.按铁、铜、铝的次序,分别测量其温度下降速度,每一样品应重复测量6次,将结果记入表5.9-3中.因为热电偶的热电动势与温度的关系在同一小温差范围内可以看成线性关系,即 $\dfrac{\left(\dfrac{\Delta\theta}{\Delta t}\right)_1}{\left(\dfrac{\Delta\theta}{\Delta t}\right)_2} = \dfrac{\left(\dfrac{\Delta E}{\Delta t}\right)_1}{\left(\dfrac{\Delta E}{\Delta t}\right)_2}$,所以式(5.9-5)可以简化为

$$c_2 = c_1 \frac{M_1 (\Delta t)_2}{M_2 (\Delta t)_1} \tag{5.9-6}$$

3. 仪器的加热指示灯亮,表示正在加热.连接线未连好或加热温度过高(超过200 ℃)会导致仪器自动保护,指示灯不亮.升到指定温度后,应切断加热电源.

4. 注意:测量降温时间时,按"计时"或"暂停"按钮应迅速、准确,以减小人为计时误差.

5. 当向下移动加热装置时,动作要慢,应注意使被测样品垂直放置,以使加热装置能完全套入被测样品.

【思考题】

1. 为什么实验应该在防风筒(即样品室)中进行?

2. 每次加热到一定温度后再断开加热开关降温,这个温度对样品降温速率有没有影响?

3. 分析实验过程中引起本实验误差的因素有哪些?应如何消除?

【数据记录及处理】

实验 5.9　金属比热容的测量

班级：＿＿＿＿＿　姓名：＿＿＿＿＿＿　学号：＿＿＿＿＿＿　实验日期：＿＿＿＿＿

1. 填写测量结果.

样品质量：$M_{Cu}=$＿＿＿＿＿＿ g，$M_{Fe}=$＿＿＿＿＿＿ g，$M_{Al}=$＿＿＿＿＿ g.

热电偶冷端温度：＿＿＿＿＿℃.

表 5.9-3　样品由 4.36 mV 下降到 4.20 mV 所需时间　　　　　　单位：s

样品	次数						平均值 $\Delta t/s$
	1	2	3	4	5	6	
Fe							
Cu							
Al							

以铜为标准：$c_1 = c_{Cu} = 0.094\ 0$ cal/(g·K)

铁：　　　　　$c_2 = c_1 \dfrac{M_1(\Delta t)_2}{M_2(\Delta t)_1} = $＿＿＿＿＿＿＿ cal/(g·K)

铝：　　　　　$c_3 = c_1 \dfrac{M_1(\Delta t)_3}{M_3(\Delta t)_1} = $＿＿＿＿＿＿＿ cal/(g·K)

2. 请任选一道思考题作答.

评分：＿＿＿＿＿＿＿＿＿＿

教师签字：＿＿＿＿＿＿＿＿＿

"实验 5.9　金属比热容的测量"预习报告

班级：＿＿＿＿　姓名：＿＿＿＿　学号：＿＿＿＿　实验日期：＿＿＿＿

第 6 章

光学和电磁学实验

实验 6.1　薄透镜焦距的测定

透镜是非常重要的光学元件,是显微镜、望远镜等光学仪器的重要组成部分.焦距是反映透镜性质的重要参数.学习透镜焦距的测定,可以深入理解透镜成像规律,练习光学仪器的调节及使用方法,掌握光路分析方法,熟悉光学平台的使用方法.

【实验目的】

1. 通过实验深入理解透镜成像规律.
2. 能熟练调节光学系统并使之共轴.
3. 学习并掌握测量透镜焦距的方法,能够使用不同方法测得凸透镜、凹透镜的焦距.

【实验仪器】

光具座、凸透镜、凹透镜、带箭矢形状的物屏、光屏、平面反射镜、光学元件底座、支架若干.

【实验原理】

薄透镜成像时,物距 u、像距 v、透镜焦距 f 满足以下公式:

$$\frac{1}{v} - \frac{1}{u} = \frac{1}{f} \tag{6.1-1}$$

符号规定:从薄透镜中心起量距离,与光线方向一致时为正,与光线方向相反时为负.

一、凸透镜(会聚透镜)焦距的测定

(一) 自准法

根据凸透镜成像规律,将光源置于凸透镜焦点处,光线经过透镜后变成平行光.如图 6.1-1 所示,将物体 A 放在凸透镜焦点位置,在凸透镜后方放一块与凸透镜主光轴垂直的平面镜 M.物体 A 发出的光经过凸透镜后变成平行光,平行光经平面镜反射沿原路返回,经过凸透镜会聚于焦点位置,成像 A′(倒像).此时,物体 A 与凸透镜光心的距离就是焦距 f.

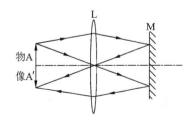

图 6.1-1　自准法测凸透镜的焦距

（二）物距像距法（公式法）

如图 6.1-2 所示，物距 u 大于凸透镜的焦距 f 时，能在凸透镜后方成倒立的实像，此时物距 u、像距 v、凸透镜的焦距 f 满足式（6.1-1）.测量物距 u、像距 v，即可计算得到凸透镜的焦距 f.由于凸透镜光心的位置不能确定，物距、像距的测量不准确，此方法得到的焦距误差较大.

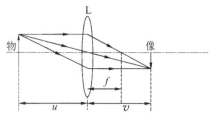

图 6.1-2　物距像距法测凸透镜的焦距

（三）共轭法（二次成像法）

如图 6.1-3 所示，当物、像距离大于 $4f$ 时，保持物屏、光屏位置不动（物、像距离 D 不变），移动凸透镜位置，可成一次倒立、放大的实像 $A'B'$（凸透镜在 x_1 位置）和一次倒立、缩小的实像 $A''B''$（凸透镜在 x_2 位置），实验中只需要测量物、像距离 D 及两次成像凸透镜移动的距离 L，即可根据式（6.1-2）计算得到凸透镜的焦距：

$$f = \frac{D^2 - L^2}{4D} \tag{6.1-2}$$

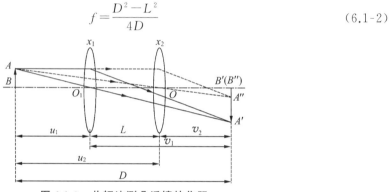

图 6.1-3　共轭法测凸透镜的焦距

使用共轭法测量凸透镜的焦距不需要知道凸透镜光心的位置，只需要测量凸透镜移动的距离.这种方法得到的测量结果比较准确.

二、凹透镜（发散透镜）焦距的测定

（一）自准法

如图 6.1-4 所示，在测量凹透镜的焦距时，因为凹透镜不能成实像，故借助凸透镜组成透镜组，在屏上得到实像，即利用辅助透镜成像法求凹透镜的焦距.

首先，在光具座上仅放置凸透镜 L_1、物屏、光屏，调节它们，使得物 AB 成像 $A'B'$.而后在

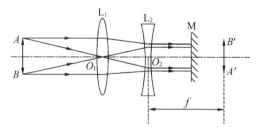

图 6.1-4　自准法测凹透镜的焦距

凸透镜 L_1 与像 $A'B'$ 之间插入待测凹透镜 L_2 及平面镜 M.移动凹透镜 L_2，当 L_2 与 $A'B'$ 的距离等于凹透镜的焦距 f 时，物 AB 发出的光线经过凸透镜 L_1、凹透镜 L_2 之后变成了平行光，根据光路可逆原理，该平行光经平面镜 M 反射后会在物屏处成倒立、等大的实像.此时凹透镜 L_2 与像 $A'B'$ 之间的距离就是待测凹透镜 L_2 的焦距 f.

（二）物距像距法（公式法）

如图 6.1-5 所示，物 AB 经凸透镜 L_1 成像 $A'B'$.将待测凹透镜 L_2 放置于凸透镜 L_1 与像 $A'B'$ 之间.像 $A'B'$ 对于凹透镜 L_2 而言相当于虚物，可成实像 $A''B''$.实验中，调整凹透镜 L_2

及光屏的位置,可找到实像.此时第一次成像 $A'B'$ 与凹透镜 L_2 的距离看作物距 u,第二次成像 $A''B''$ 与凹透镜 L_2 的距离看作像距 v,代入式(6.1-1),即可求得凹透镜 L_2 的焦距 f.

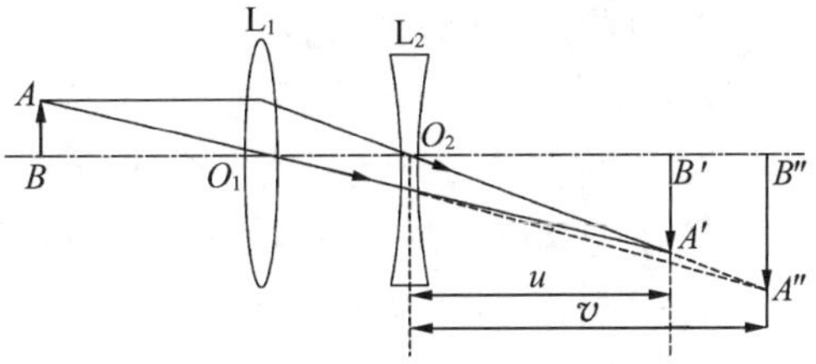

图 6.1-5　物距像距法测凹透镜的焦距

【实验内容及步骤】

一、光学系统共轴等高调节

将光具座水平放置,借助水平尺,调节光具座底部螺钉,使光具座水平,而后经粗调、细调,使各光学元件满足共轴等高.

(一)粗调

将光具座上的透镜、物屏、光屏靠拢,目测高低并进行调节,使物、光屏、透镜的中心及光源在一条水平等高线上,使物平面、光屏平面、透镜面处于竖直面,与光具座导轨相垂直.

(二)细调

利用共轭法(即二次成像法)进一步判断光学仪器是否共轴,若没有共轴,继续调节直至共轴.方法如下:

1. 当物、像距离大于 $4f$ 时,水平移动凸透镜,会在光屏上成一次放大、一次缩小的实像.

2. 两次像的中心重合,表示元件已经共轴.

3. 若两个像的中心不重合,以小像的中心位置为参考(作一记号),调节透镜(或物)的高低或水平位置,使大像中心与小像中心完全重合,调节技巧为"大像追小像".

4. 当有两个透镜需要调整(如测凹透镜的焦距)时,必须逐个进行上述调整:先调好凸透镜,记住像中心在屏上的位置,然后加上凹透镜,再次观察成像的情况,对凹透镜的位置进行上下、左右的调整,直至像中心仍旧保持在第一次成像时的中心位置上.

注意:已调至同轴等高状态的透镜在后续的调整、测量中绝对不允许再变动.

二、自准法测凸透镜的焦距

1. 将物屏、透镜、平面镜依次放置于光具座上,固定物屏并记录物屏的位置 S_0.

2. 移动凸透镜,绕竖直轴转动平面镜,看到物屏上有一个移动的像.用"左右逼近法"移动凸透镜,使物屏上看到与物等大、反向的倒像."左右逼近法"操作方法:先从左往右移动凸透镜,直至物屏上有清晰、等大、反向的倒像,记录此时凸透镜在光具座上的位置 $X_左$;再从右往左移动凸透镜,直至物屏上有清晰、等大、反向的倒像,记录此时凸透镜在光具座上的位置 $X_右$.

3. 重复步骤 2,操作 4 次,并将实验数据记录到表 6.1-1 中.

三、物距像距法测凸透镜的焦距

1. 先选一个简单方法(如自准法)预估凸透镜的焦距 f.

2. 将物屏、凸透镜、光屏依次放置于光具座上,并使物屏、光屏的距离 D 大于 4 倍粗测焦距($D>4f$).调节物屏、凸透镜、光屏,使它们共轴等高,记录物屏位置 S_0 及光屏位置 S_0'.

3. 用"左右逼近法"移动凸透镜,直至在光屏上出现清晰、倒立的实像,记录凸透镜在光具座上的位置 $X_左$ 和 $X_右$.

4. 重复测量 4 次,并将实验数据记录到表 6.1-2 中.

四、共轭法测凸透镜的焦距

1. 先选一个简单方法(如自准法)预估凸透镜的焦距 f.

2. 将物屏、凸透镜、光屏依次放在光具座上，并使物屏、光屏的距离 D 大于 4 倍粗测焦距($D>4f$).调节物屏、凸透镜、光屏，使它们共轴等高，记录物屏位置 S_0 及光屏位置 S_0'.

3. 用"左右逼近法"移动凸透镜位置，直至在光屏上出现清晰、倒立、缩小的实像，记录凸透镜在光具座上的位置 $X_左$ 和 $X_右$.

4. 再次用"左右逼近法"移动凸透镜，直至光屏上出现清晰、倒立、放大的实像，记录凸透镜在光具座上的位置 $X_左'$ 和 $X_右'$.

5. 重复步骤 3、4，再测量 4 次，并将实验数据记录到表 6.1-3 中.

五、自准法测凹透镜的焦距

1. 将物屏、凸透镜、光屏依次放置于光具座上，调节它们至共轴等高.移动凸透镜，使物屏与凸透镜的距离略大于 $2f$，固定凸透镜、物屏.

2. 用"左右逼近法"移动光屏，直至光屏上出现清晰、倒立的实像，记录光屏在光具座上的位置 $X_左$ 和 $X_右$.

3. 将凹透镜、平面镜放置于凸透镜与光屏之间(如图 6.1-4 所示，光具座上元件摆放顺序为物屏、凸透镜、凹透镜、平面镜、光屏)，用"左右逼近法"移动凹透镜，直至物屏上有清晰、倒立的实像，记录此时凹透镜在光具座上的位置 $X_左'$ 和 $X_右'$.

4. 重复测量 4 次，并将实验数据记录到表 6.1-4 中.

六、物距像距法测凹透镜的焦距

1. 将物屏、凸透镜、光屏依次放置于光具座上，调节它们至共轴等高，固定物屏、凸透镜(距离略小于两倍凸透镜的焦距)，移动光屏位置，直至在光屏上出现清晰的实像(此像为下一步放入的凹透镜的"虚物")，记录此时光屏的位置 S_1.

2. 在凸透镜与光屏之间放入凹透镜，调节并移动凹透镜与光屏，使光屏上出现清晰、倒立、放大的实像，记下此时光屏的位置 S_2.

3. 用"左右逼近法"移动凹透镜，使光屏上出现清晰、倒立的实像，记录凹透镜的位置 $X_左$ 和 $X_右$.

4. 重复测量 4 次，并将实验结果填入表 6.1-5 中.

【注意事项】

1. 在实验中，不能用手触摸透镜表面，也不能用手帕、纸巾擦拭透镜，只能用专用的擦镜纸去擦.装拆、取放透镜时需小心，避免打碎透镜.

2. 应将实验中未使用的透镜放在光具座的另一端，不能随意放置于桌面，避免摔坏.

3. 物经透镜表面反射成的像不随平面镜转动而移动，物经平面镜反射成的像随平面镜转动而移动，可利用此性质区分两者.

【思考题】

1. 实验中用到的三种测量凸透镜焦距的方法各有什么优缺点?

2. 为什么测量过程中移动透镜或者光屏时要用"左右逼近法"?

3. 证明用共轭法(二次成像法)测凸透镜的焦距时，焦距关系满足 $f=\dfrac{D^2-L^2}{4D}$.

【数据记录及处理】

实验 6.1　薄透镜焦距的测定

班级：_____ 姓名：_____ 学号：_____ 实验日期：_____

1. 自准法测凸透镜的焦距.

表 6.1-1　自准法测凸透镜的焦距　　　　　单位：cm

物屏 S_0	$X_左$	$X_右$	$X_i=(X_右+X_右)/2$

$$\overline{X}=\underline{\hspace{2cm}},\ \overline{f}=|\overline{X}-S_0|=\underline{\hspace{2cm}}$$

$$S_{\overline{X}}=\sqrt{\frac{\sum_{i=1}^{5}\Delta X_i^{\,2}}{5\times(5-1)}}=\underline{\hspace{2cm}},\ \sigma_{f,仪}=\frac{\Delta_{f,仪}}{\sqrt{3}}=\underline{\hspace{2cm}}$$

$$u_f=\sqrt{S_{\overline{X}}^{\,2}+\sigma_{f,仪}^{\,2}}=\underline{\hspace{2cm}}$$

结果表示：$\overline{f}=\overline{f}\pm u_f=\underline{\hspace{2cm}}$

2. 物距像距法测凸透镜的焦距.

表 6.1-2　物距像距法测凸透镜的焦距

物屏 S_0	光屏 S_0'	$X_左$	$X_右$	$X_i=(X_右+X_右)/2$

$$\overline{X}=\underline{\hspace{1.5cm}},\ \overline{u}=-|\overline{X}-S_0|=\underline{\hspace{1.5cm}},\ \overline{v}=|X-S_0'|=\underline{\hspace{1.5cm}}$$

$$\overline{f}=\frac{\overline{u}\,\overline{v}}{\overline{u}-\overline{v}}=\underline{\hspace{1cm}},\ S_{\overline{X}}=\sqrt{\frac{\sum_{i=1}^{5}\Delta X_i^{\,2}}{5\times(5-1)}}=\underline{\hspace{1cm}},\ \sigma_{f,仪}=\frac{\Delta_{f,仪}}{\sqrt{3}}=\underline{\hspace{1cm}}$$

$$u_{\overline{u}}=u_{\overline{v}}=\sqrt{S_{\overline{X}}^{\,2}+\sigma_{f,仪}^{\,2}}=\underline{\hspace{1.5cm}}$$

$$u_f=\sqrt{\left(\frac{\partial f}{\partial u}\right)^2(u_{\overline{u}})^2+\left(\frac{\partial f}{\partial v}\right)^2(u_{\overline{v}})^2}=\underline{\hspace{1.5cm}}$$

结果表示：$\overline{f}=\overline{f}\pm u_f=\underline{\hspace{1.5cm}}$

3. 共轭法测凸透镜的焦距.

表 6.1-3 共轭法测凸透镜的焦距

物屏 S_0	光屏 $S_0{}'$	$X_左$	$X_右$	$X_i = (X_左 + X_右)/2$	$X_左{}'$	$X_右{}'$	$X_i{}' = (X_左{}' + X_右{}')/2$

$$\overline{X} = \underline{\hspace{2cm}}, \overline{X'} = \underline{\hspace{2cm}}, \overline{L} = |\overline{X'} - \overline{X}| = \underline{\hspace{2cm}}$$

$$D = |S_0{}' - S_0| = \underline{\hspace{2cm}} \qquad \overline{f} = \frac{D^2 - L^2}{4D} = \underline{\hspace{2cm}}$$

$$S_{\overline{X}} = \sqrt{\frac{\sum_{i=1}^{5} \Delta X_i{}^2}{5 \times (5-1)}} = \underline{\hspace{2cm}}, \quad S_{\overline{X'}} = \sqrt{\frac{\sum_{i=1}^{5} \Delta X_i{}'^2}{5 \times (5-1)}} = \underline{\hspace{2cm}}$$

$$\sigma_{f.仪} = \frac{\Delta_{f.仪}}{\sqrt{3}} = \underline{\hspace{2cm}}, u_L = \sqrt{S_{\overline{X}}{}^2 + S_{\overline{X'}}{}^2 + \sigma_{f.仪}{}^2} = \underline{\hspace{2cm}}$$

$$u_D = \sigma_{f.仪} = \underline{\hspace{2cm}}$$

$$u_f = \sqrt{\left(\frac{\partial f}{\partial D}\right)^2 u_D{}^2 + \left(\frac{\partial f}{\partial L}\right)^2 u_L{}^2} = \underline{\hspace{2cm}}$$

结果表示： $$\overline{f} = \overline{f} \pm u_f = \underline{\hspace{2cm}}$$

4. 自准法测凹透镜的焦距.

表 6.1-4 自准法测凹透镜的焦距

$X_左$	$X_右$	$(X_左 + X_右)/2$	$X_左{}'$	$X_右{}'$	$(X_左{}' + X_右{}')/2$

$$\overline{X} = \underline{\hspace{2cm}}, \overline{X'} = \underline{\hspace{2cm}}, f = |\overline{X'} - \overline{X}| = \underline{\hspace{2cm}}$$

5. 物距像距法测凹透镜的焦距.

表 6.1-5　物距像距法测凹透镜的焦距

光屏 S_1	光屏 S_2	$X_左$	$X_右$	$X_i=(X_左+X_右)/2$

$$\overline{X}=\underline{\qquad}, \quad \overline{u}=|S_1-\overline{X}|=\underline{\qquad}, \quad \overline{v}=|S_2-\overline{X}|=\underline{\qquad}$$

$$\overline{f}=\frac{\overline{u}\,\overline{v}}{\overline{u}-\overline{v}}=\underline{\qquad}, \quad S_{\overline{X}}=\sqrt{\frac{\sum_{i=1}^{5}\Delta X_i^{2}}{5\times(5-1)}}=\underline{\qquad}, \quad \sigma_{f,仪}=\frac{\Delta_{f,仪}}{\sqrt{3}}=\underline{\qquad}$$

$$U_{\overline{u}}=U_{\overline{v}}=\sqrt{S_{\overline{X}}^{2}+\sigma_{f,仪}^{2}}=\underline{\qquad}$$

$$u_f=\sqrt{\left(\frac{\partial f}{\partial u}\right)^{2}(U_{\overline{u}})^{2}+\left(\frac{\partial f}{\partial v}\right)^{2}(U_{\overline{v}})^{2}}=\underline{\qquad}$$

结果表示：　　　　　$\overline{f}=\overline{f}\pm u_f=\underline{\qquad}$

6. 请任选一道思考题作答.

评分：_____

教师签字：_____

"实验 6.1　薄透镜焦距的测定"预习报告

班级:_____　姓名:_____　学号:_____　实验日期:_____

实验 6.2　牛顿环干涉测量透镜的曲率半径

光的干涉是光的波动性的一种表现.用一束单色平行光照射透明薄膜,入射光将在薄膜的上、下表面产生两束反射光.这两束反射光频率相同、振动方向相同、相位差恒定,属于相干光.

牛顿环和劈尖是等厚干涉两个最典型的例子.光的等厚干涉原理在生产实践中具有广泛的应用,可用于检测透镜的曲率,测量光波的波长,精确地测量微小长度、厚度和角度,检验物体表面的光洁度、平整度等.

【实验目的】

1. 观察和研究等厚干涉的现象和特点.
2. 学习用等厚干涉法(牛顿环)测量平凸透镜的曲率半径.
3. 会熟练使用读数显微镜.
4. 会用逐差法处理实验数据.

【实验仪器】

牛顿环仪、读数显微镜、低压钠灯(589.3 nm)或低压汞灯(404.7 nm)、电源.

一、牛顿环仪

图 6.2-1(a)为牛顿环仪的示意图,图 6.2-1(b)为牛顿环仪的实物图.在平板玻璃的上方放置一块平凸透镜,并用金属框将它们固定在一起.金属框上装有三个可调节螺钉,用于调节平凸透镜与平板玻璃之间的接触.

（a）示意图　　　　　　　（b）实物图

图 6.2-1　牛顿环仪

二、读数显微镜

读数显微镜如图 6.2-2 所示.

图 6.2-2　读数显微镜实物图

三、低压钠灯及电源

低压钠灯及电源如图 6.2-3 所示.

图 6.2-3　低压钠灯及电源实物图

【实验原理】

一、薄膜干涉

如图 6.2-4 所示,从单色光源 S 上某点 O 发出的一束光线 a 在一片折射率为 n 的透明介质薄膜上表面的入射点 A 处被分为反射光线和折射光线两部分,其中折射光线又在薄膜下表面的 C 点被反射,再从上表面的 P 点折射回到薄膜上方.薄膜上表面的反射光线和薄膜下表面的反射光线形成两束平行光线 a' 和 b'.由于这两束光线来自同一束光线 a,所以它们是相干光.

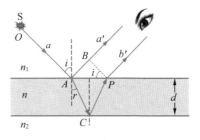

图 6.2-4　薄膜干涉光路图

设薄膜厚度为 d,薄膜上方介质的折射率为 n_1,薄膜下方介质的折射率为 n_2,入射光的入射角为 i,折射角为 r.下面计算 a' 和 b' 两条光线的光程差 ΔL.

$$\begin{aligned}
\Delta L &= n(AC+CP)-n_1 AB \\
&= 2nAC-n_1 AP\sin i \\
&= 2n\frac{d}{\cos r}-2d\frac{\sin r}{\cos r}\cdot n\sin r \\
&= \frac{2nd}{\cos r}(1-\sin^2 r) \\
&= 2nd\cos r
\end{aligned} \tag{6.2-1}$$

也可化简成如下形式:

$$\Delta L = 2d\sqrt{n^2-n_1{}^2\sin^2 i} \tag{6.2-2}$$

此外,光从光疏介质(折射率较小)射向光密介质(折射率较大),在反射界面上还会产生半波损失,继而产生附加光程差$\frac{\lambda}{2}$.经过总结可得,若介质的折射率从上到下依次增大或者依次减小,则 a' 和 b' 两条光线之间无半波损失(不用加$\frac{\lambda}{2}$);反之,则有半波损失(要加$\frac{\lambda}{2}$).

薄膜表面出现相长干涉(明条纹)和相消干涉(暗条纹)的位置,分别由下面的条件决定:

当 $\Delta L = k\lambda$,$k=1,2,\cdots$ 时,出现明条纹;

当 $\Delta L = \left(k+\frac{1}{2}\right)\lambda$,$k=0,1,2,\cdots$ 时,出现暗条纹.

二、等厚干涉

由前文可知,薄膜干涉的光程差取决于薄膜的厚度 d 和入射角 i 及半波损失引起的附加光程差$\frac{\lambda}{2}$.当选定一个光学系统时,介质的折射率分布是确定的,那么有无半波损失也是确定的.此时再保持入射角 i 不变,那么光程差则取决于薄膜的厚度 d.薄膜厚度 d 发生变化,那么不同厚度处可满足不同的干涉条件,继而出现明暗相间的干涉条纹.相同厚度处光程差相同,满足同样的干涉条件,因此干涉条纹为同一级.反之,可推理得到,同一级干涉条纹下必然对应同样的薄膜厚度.这种与薄膜厚度密切相关的干涉称为等厚干涉,相应的干涉条纹称为等厚干涉条纹.

三、用牛顿环干涉测量平凸透镜的曲率半径

如图 6.2-5 所示,一曲率半径 R 很大的平凸透镜的凸面与一光学平板玻璃相接触,在透镜与平板玻璃之间形成空气薄膜.空气薄膜的厚度以接触点为中心,呈旋转对称分布.

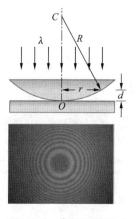

图 6.2-5　牛顿环的形成

当入射光垂直入射(入射角 $i=0$)到牛顿环仪上,平凸透镜和平板玻璃的折射率均大于空气($n=1$),因此两束反射光之间存在半波损失.

此时光程差 ΔL 为

$$\Delta L = 2d + \frac{\lambda}{2} \tag{6.2-3}$$

明暗环出现的条件如下:

$$\Delta L = 2d + \frac{\lambda}{2} = \begin{cases} k\lambda, & k=1,2,3,\cdots \text{(明环)} \\ (2k+1)\dfrac{\lambda}{2}, & k=1,2,3,\cdots \text{(暗环)} \end{cases} \tag{6.2-4}$$

在图 6.2-5 中,已知 $R \gg r$,结合几何关系,利用勾股定理,可得

$$r^2 = R^2 - (R-d)^2 = 2Rd - d^2 \approx 2Rd \tag{6.2-5}$$

因此,$r = \sqrt{2Rd}$,代入式(6.2-4),有

$$r = \begin{cases} \sqrt{\left(k - \dfrac{1}{2}\right)R\lambda}, & k=1,2,3,\cdots \text{(明环半径)} \\ \sqrt{kR\lambda}, & k=1,2,3,\cdots \text{(暗环半径)} \end{cases} \tag{6.2-6}$$

由式(6.2-6)中第 k 级暗环半径公式可以看出:若 λ 已知,只要测出第 k 级暗环半径,就可以求出透镜的曲率半径 R.但是平凸透镜和平板玻璃不可能很理想地只以一点接触,牛顿环中心暗斑具有一定尺寸,这样就无法准确地确定出第 k 个暗环的几何中心位置,所以第 k 个暗环半径难以准确测得.为了提高测量精度,我们选择距离中心较远,条纹比较清晰的两个暗环,测量它们的直径,然后采取逐差法计算 R.

由式(6.2-6)中第 k 级暗环半径,可得第 k 级暗环直径 $D_k = \sqrt{4kR\lambda}$.设 m 级暗环和第 n 级暗环的直径各为 $D_m = \sqrt{4mR\lambda}$ 及 $D_n = \sqrt{4nR\lambda}$,则平凸透镜的曲率半径 R 为

$$R = \frac{D_m{}^2 - D_n{}^2}{4(m-n)\lambda} \tag{6.2-7}$$

上式为本实验的测量公式,可见只需要测出第 m 级和第 n 级暗环的直径 D_m, D_n,即可求出透镜的曲率半径 R,不必确定环的中心.

【实验内容及步骤】

一、牛顿环仪的调节

借助室内灯光,用眼睛直接观察牛顿环仪,调节框上的三个螺钉,使牛顿环面上出现清晰、细小的同心圆环,并位于透镜的中心(图 6.2-6).必须注意的是,螺钉的松紧要适度,过松则条纹不能固定不动;过紧又会因压力过大,使凸透镜发生变形,引起误差.

图 6.2-6 牛顿环仪的调节

二、按光路原理图正确摆放仪器

1. 将钠光灯与电源相连,接入电路,打开钠光灯进行预热(5~10 min),待其发出明亮的黄光.调节钠光灯的高度,使其出光口与读数显微镜中半反半透镜的位置等高,并按实验装置图(图 6.2-7)将钠光灯放置在读数显微镜的正前方.

图 6.2-7　实验装置图

2. 将牛顿环仪放置在读数显微镜载物台上,并且位于物镜的正下方.

三、读数显微镜的调节和使用方法

1. 调节测微鼓轮,使标尺的读数位于量程的中间附近(图 6.2-8).

2. 调节目镜.

(1) 从目镜中观察十字叉丝是否清晰,如不清晰,则调节目镜直到叉丝清晰为止(图 6.2-9).

图 6.2-8　标尺初始刻度位于中间附近

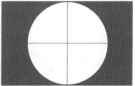

图 6.2-9　调节十字叉丝清晰度

(2) 从目镜中观察十字叉丝是否横平竖直,如不是,则适当松开目镜锁紧螺丝(图 6.2-10),将其调整至横平竖直的状态,再旋紧锁紧螺丝,将调节好的目镜固定.

3. 调节反光镜旋钮(6.2-11).由于本实验观察的是上反射光的干涉,故反射镜应调整到背光位置.

图 6.2-10　调节十字叉丝横平竖直　　　　图 6.2-11　调节反光镜旋钮

4. 调节半反半透镜.

(1) 旋转半反半透镜旋钮(图 6.2-12),使其透镜顶部向前倾斜 45°左右.

(2) 在 45°附近适当旋转旋钮,使得读数显微镜中看到的视场亮度最大.注意这一步仅可在 45°附近微调,要始终保持透镜顶部向前倾斜,不可发生翻转.

图 6.2-12 调节半反半透镜

5. 调节竖直调焦手轮,以出现牛顿环干涉条纹.

(1) 将显微镜降到靠近牛顿环仪附近.在这个过程中必须小心谨慎,避免物镜触及被测物而损坏仪器.

(2) 慢慢而又小心地自下而上调节竖直调焦手轮(图 6.2-13),直至看到清晰的牛顿环干涉条纹为止(图 6.2-14).

(3) 适当调整牛顿环仪的摆放位置,使得十字叉丝的焦点位于同心圆环的圆心处(图 6.2-15).

 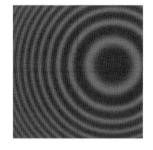 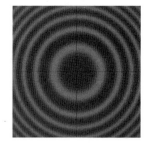

图 6.2-13 调节竖直调焦手轮　　图 6.2-14 清晰的牛顿环干涉条纹　　图 6.2-15 十字叉丝的焦点位于同心圆环的圆心

四、观察牛顿环干涉现象并记录数据

1. 转动测微鼓轮,使十字叉丝先移动到左侧暗环第 10 环处,接着退回左侧暗环第 7 环处并记录数据.由于暗环有一定的宽度,因此我们要分别记录下十字叉丝与暗环外切和内切时的读数.在此过程中多走的 3 环是为了消除空程误差(也称回程误差).

牛顿环的干涉图样为明暗相间的同心圆环.图 6.2-16 为牛顿环左侧条纹示例.由于半波损失的存在,牛顿环中心为中央零级暗环,左侧第 1 级至第 7 级暗环如图 6.2-16 所示(限于图片显示,读者可自行观察更高级次的干涉条纹).需要注意的是,干涉条纹的明、暗纹级次是独立计数的,不可以将明、暗条纹不做区分连续计数.本次实验我们记录的是暗环的读数.

图 6.2-17 给出的是读数显微镜的读数示例.读数显微镜的读数由标尺和鼓轮两部分组成.标尺上的分度值为 1 mm;鼓轮旋转一周,标尺上读数变化 1 mm.鼓轮被平均分成 100 等份,故鼓轮的最小刻度为 0.01 mm,再估读一位,因此精度为 0.001 mm.标尺上的读数与鼓

轮上的读数相加即为总读数.图 6.2-17 所示为 28.892 mm.

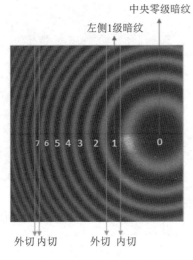

图 6.2-16　左侧暗纹示例

图 6.2-17　读数示例

2. 接下来依次测出左侧第 6 级至第 3 级各暗环外切和内切处的读数,并记入表 6.2-1.

3. 越过中央暗环,继续向右移动到牛顿环右侧.图 6.2-18 为牛顿环右侧暗纹示例,依次测出右边暗环的第 3 级至第 7 级各环内切和外切处的各个读数.

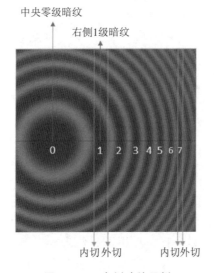

图 6.2-18　右侧暗纹示例

【实验难点】

半反半透镜的放置是本实验的难点.

半反半透镜的放置是使其透镜顶部向前倾斜 45°左右,接着在 45°附近适当旋转旋钮,使得读数显微镜中看到的视场亮度最大.调节到视场亮度最大的过程中经常会发生透镜方位的翻转(即透镜顶部向实验者倾斜),这时无论怎么上下调节显微镜镜筒的高度,都无法观察到牛顿环现象.

【实验小技巧】

半反半透镜的放置可采用如下小技巧:如图 6.2-19 所示,将手臂放在实验桌上,手肘与桌面接触,自然向上抬起约 45°.此时前臂偏转角度即为半反半透镜的放置方向.

【注意事项】

1. 调节显微镜的焦距时,在下移镜筒过程中,一定要小心谨慎,严禁碰伤和损坏半反半透镜和牛顿环仪.

2. 在读数过程中,测微鼓轮除了一开始从中央暗环处移至左侧,再向右侧移动依次记录数据时出现了左右往返(可通过往左多走 3 环来消除空程误差),其他时候全部是往一个方向(即从左往右)移动.

图 6.2-19 半反半透镜偏转方向与前臂方向相同

如图 6.2-20 所示,空程误差由螺母与螺杆间的间隙造成.在齿合前,轻轻转动螺尺手柄,螺尺读数变化,而游标并没有移动.空程误差属于系统误差.它的消除方法就是测量时只往同一方向转动螺尺.

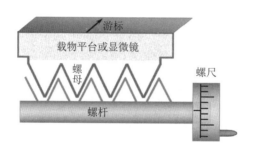

图 6.2-20 空程误差

【知识拓展】

牛顿环是牛顿在 1675 年制造天文望远镜时,偶然将一个望远镜的物镜放在平板玻璃上发现的.他在给皇家学会的论文里记述了这个被后人称为牛顿环的实验.但是牛顿坚持光的微粒说,认为光的本质是微粒流.牛顿在运用微粒流理论来解释牛顿环时却遇到困难.19 世纪初,托马斯·杨(英国物理学家,光的波动说奠基人之一)用光的干涉原理成功解释了牛顿环.

【思考题】

1. 牛顿环干涉条纹产生的条件是什么?
2. 附加光程差产生的条件是什么?
3. 在实验过程中如何避免读数显微镜存在的回程误差?

【数据记录及处理】

实验 6.2　牛顿环干涉测量透镜的曲率半径

班级：_____ 姓名：_____ 学号：_____ 实验日期：_____

1. 填写表格.

表 6.2-1　各暗环外切和内切处的读数　　　　　　　单位：mm

环数	7		6		5		4		3	
	外切	内切	外切	内切	外切	内切	外切	内切	外切	内切
左边环(a)										
右边环(b)										
内、外直径	外环直径	内环直径	外环直径	内环直径	外环直径	内环直径	外环直径	内环直径	外环直径	内环直径
直径($a-b$)										
平均直径 D										

2. 计算牛顿环的曲率半径(单位：m).

3. 请任选一道思考题作答.

评分：_____

教师签字：_____

"实验 6.2 牛顿环干涉测量透镜的曲率半径"预习报告

班级:_____ 姓名:_____ 学号:_____ 实验日期:_____

实验 6.3　劈尖干涉测量薄片的厚度

在"实验 6.2　牛顿环干涉测量透镜的曲率半径"中,我们已经掌握了等厚干涉原理及该实验现象和条纹特点,并熟练使用了读数显微镜.在本次实验中,我们将进一步巩固以上知识,并学习利用劈尖测量微小薄片的厚度.这也是等厚干涉的常见应用之一.

【实验目的】

1. 进一步观察和研究等厚干涉的现象和特点.
2. 进一步熟练使用读数显微镜.
3. 学习用等厚干涉法(劈尖法)测薄片的厚度.
4. 学会用逐差法处理实验数据.

【实验仪器】

劈尖、读数显微镜、游标卡尺、低压钠灯(589.3 nm)或低压汞灯(404.7 nm)、电源.

图 6.3-1(a)为劈尖结构侧面示意图.取两块光学平面玻璃板 A 和 B(又称光学平晶),使其一端接触,另一端夹涤纶薄片 C(或头发丝、细金属丝等),这样在两块玻璃平板之间就形成了一个夹角很小的空气层,称为空气劈尖.图 6.3-1(b)为劈尖实物图.

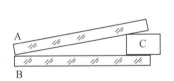

(a) 劈尖结构侧面示意图　　　　(b) 劈尖实物图

图 6.3-1　劈尖

【实验原理】

一、等厚干涉

等厚干涉的基本原理见"实验 6.2　牛顿环干涉测量透镜的曲率半径".

二、劈尖干涉测量薄片的厚度

如图 6.3-2 所示,入射光垂直入射(入射角 $i=0$)到劈尖上,两块光学平面玻璃板 A 和 B 的折射率均大于空气($n=1$),因此两束反射光之间存在半波损失.则式(6.2-2)可化简为下式:

$$\Delta L = 2d + \frac{\lambda}{2} \tag{6.3-1}$$

明、暗条纹出现的条件如下:

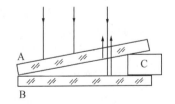
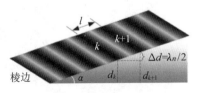

图 6.3-2　劈尖干涉条纹的形成

$$\Delta L = 2d + \frac{\lambda}{2} = \begin{cases} k\lambda, & k=1,2,3,\cdots \text{（明条纹）} \\ (2k+1)\dfrac{\lambda}{2}, & k=1,2,3,\cdots \text{（暗条纹）} \end{cases} \tag{6.3-2}$$

由上式可知,当 $d=0$ 时,$k=0$,即两块玻璃平板交线处呈现零级暗条纹.

如涤纶薄片处呈现 $k=N$ 的暗条纹,即第 N 级暗条纹,则可根据上式求得涤纶薄片的厚度 d 为

$$d = \frac{N\lambda}{2} \tag{6.3-3}$$

由于 N 的数目很大,一条条地数容易出错,故先测出单位长度的暗条纹数 n,再测出两块玻璃平板交线至涤纶薄片的距离 L,则涤纶薄片处暗条纹的级数 N 为 nL.我们可以测出 N_0 为 10 时的距离 L_0,再通过计算得到 n,即

$$n = \frac{N_0}{L_0} = \frac{10}{L_0} \tag{6.3-4}$$

则涤纶薄片处暗条纹的级数 N 为

$$N = nL = \frac{10L}{L_0} \tag{6.3-5}$$

那么,涤纶薄片的厚度 d 为

$$d = \frac{N\lambda}{2} = 5\lambda \frac{L}{L_0} \tag{6.3-6}$$

上式为本实验的测量公式.可见,我们只需要测出 10 个条纹的距离 L_0,再测出两块玻璃平板交线至涤纶薄片的距离 L,而不必确定涤纶薄片所在暗条纹位置的具体级数 N.

【实验内容及步骤】

一、按光路原理图正确摆放仪器

1.将钠光灯与电源相连,接入电路,打开钠光灯进行预热(5～10 min),待其发出明亮的黄光.调节钠光灯的高度,使其出光口与读数显微镜中半反半透镜的位置等高,并将其放置在读数显微镜的正前方.

2.如图 6.3-3 所示,将劈尖放置在读数显微镜载物台上,并且位于物镜的正下方.

二、读数显微镜调节和使用方法

1.调节测微鼓轮,使标尺的读数位于量程的零刻度线附近.

2.调节目镜.

图 6.3-3 **劈尖放置图**

(1)从目镜中观察十字叉丝是否清晰,如不清晰,则调节目镜直到叉丝清晰为止(图 6.3-4).

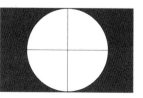

图 6.3-4 **调节十字叉丝清晰度**

（2）从目镜中观察十字叉丝是否横平竖直,如不是,则适当松开目镜锁紧螺丝,将十字叉丝调整至横平竖直的状态,再旋紧锁紧螺丝,将调节好的目镜固定(图 6.3-5).

3.调节反光镜旋轮(图 6.3 6).由于本实验观察的是上反射光的干涉,故反射镜应旋到背光位置.

图 6.3-5　调节十字叉丝横平竖直

图 6.3-6　调节反光镜旋钮

4.调节半反半透镜.

（1）旋转半反半透镜旋钮,使其透镜上方向前倾斜 45°左右(调节方法同实验 6.2).

（2）在 45°附近适当旋转旋钮,使得读数显微镜中看到的视场亮度最大.注意这一步仅可在 45°附近微调,要始终保持透镜上方向前倾斜,而不可发生翻转.

5.调节竖直调焦手轮(图 6.3-7)以出现干涉条纹.

（1）将显微镜降到靠近劈尖附近.在这个过程中必须小心谨慎,避免物镜触及被测物而损坏仪器.

（2）缓慢而又小心地自下而上调节镜筒,直至看到清晰的干涉条纹为止(图 6.3-8).

图 6.3-7　调节竖直调焦手轮

图 6.3-8　清晰的干涉条纹

（3）观察十字叉丝中的竖线是否与干涉条纹平行,若不平行,则适当调整劈尖的摆放角度,使十字叉丝中的竖线与干涉条纹平行(图 6.3-9).

三、观察干涉现象并记录数据

为了消除空程误差,转动测微鼓轮,使十字叉丝线向右移动 3~5 条暗条纹后,停于某暗条纹上,将该条纹定为第 1 条暗条纹,并记下该条纹的读数(图 6.3-10).由于条纹有一定的宽度,为了减小测量误差,可将十字叉丝与该暗条纹的左侧相切(或右侧相切),此后也同样保

图 6.3-9　十字叉丝中的竖线与干涉条纹平行

持十字叉丝与第2～16条暗条纹左侧相切(或右侧相切)进行读数,并将数据记入表 6.3-1 中.读数方法同实验 6.2.

注意:在整个测量过程中,测微鼓轮只能往一个方向转动.如果在某条暗条纹处不小心错过了相切的位置,切记不可倒转,应该选取下一级暗条纹作为第 1 条暗条纹重新读数.

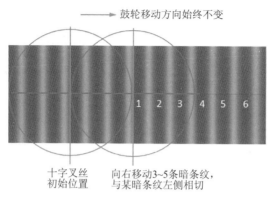

图 6.3-10   确定第 1 条暗条纹

四、测量劈尖棱边至薄片的距离 L

用游标卡尺的深度尺测量劈尖棱边到薄片的距离 L(图 6.3-11),共测量 6 次,并将数据记入表 6.3-1.

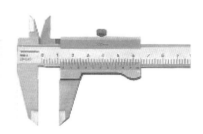

【实验难点】

半反半透镜的放置是本实验的难点.

【实验小技巧】

实验小技巧同"实验 6.2   牛顿环干涉测量透镜的曲率半径".

图 6.3-11   用游标卡尺测棱边至薄片的距离 L

【注意事项】

1. 在调节读数显微镜的镜筒时,要慢慢转动鼓轮,不要将劈尖装置的光学玻璃板压碎.

2. 在测量时,读数显微镜的测微鼓轮应沿一个方向转动,中途不可倒转.

3. 测量中应保持桌面稳定,不受振动,不得触动劈尖装置,否则须重测.

【思考题】

1. 牛顿环和劈尖干涉条纹有何相同和不同之处?

2. 如果观察到的干涉条纹如图 6.3-12 所示,那么劈尖下层的玻璃表面是凸起还是凹陷?为什么?

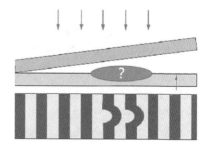

图 6.3-12   干涉条纹

【数据记录及处理】

实验 6.3 劈尖干涉测量薄片的厚度

班级:_____ 姓名:_____ 学号:_____ 实验日期:_____

1. 填写表格并计算涤纶薄片的厚度.

表 6.3-1 实验数据　　　　　　　　单位:mm

暗条纹序数	X_k	暗条纹序数	X_{k+10}	$L_0 = X_{k+10} - X_k$	测量次数	棱边到薄片的距离 L
1		11			1	
2		12			2	
3		13			3	
4		14			4	
5		15			5	
6		16			6	
$\overline{L_0}=$					$\overline{L}=$	

2. 计算涤纶薄片的厚度 d(单位为 mm).

3. 请任选一道思考题作答.

评分:_____

教师签字:_____

"实验 6.3 劈尖干涉测量薄片的厚度"预习报告

班级:_____ 姓名:_____ 学号:_____ 实验日期:_____

实验 6.4 迈克耳孙干涉仪的调节和使用

迈克耳孙干涉仪是一种利用分振幅法实现干涉的精密光学仪器.迈克耳孙曾用它完成了三个著名的实验:否定"以太"学说的迈克耳孙-莫雷实验、光谱精细结构实验和利用光波波长标定长度单位实验.迈克耳孙干涉仪结构简单、光路直观、精度高,其调整和使用具有典型性.根据迈克耳孙干涉仪的基本原理发展的各种精密仪器已被广泛应用于生产和科研领域.

【实验目的】

1. 掌握迈克耳孙干涉仪的结构、调节和使用方法.
2. 加深对等倾干涉原理的理解.
3. 会测量钠光的平均波长.

【实验仪器】

迈克耳孙干涉仪、低压钠灯及电源、"+"字玻璃片、毛玻璃观察屏.

图 6.4-1 是迈克耳孙干涉仪的实物图.迈克耳孙干涉仪是用分振幅的方法获得双光束干涉的仪器,它由一套精密的机械转动系统和四个高质量的光学镜片装在底座上组成.图 6.4-2 为迈克耳孙干涉仪光路图,M_1 和 M_2 是两块相互垂直放置的平面反射镜,M_1 可沿精密丝杠前后移动,称为动镜;M_2 固定不动,称为固镜.G_1 和 G_2 是两块与 M_1 和 M_2 成 45° 平行放置的平面玻璃板,它们的折射率和厚度均完全相同.G_1 的背面镀有一层半反半透膜,可使光线一半发生反射,另一半发生透射,形成两束强度大致相等的相干光,称为分光板;G_2 称为补偿板,用于补偿 M_2 这条光路的光程,使得经由 M_1 和 M_2 反射回来的相干光分别三次穿过相同的玻璃板,此时两束相干光的光程差可简化成在空气中的几何路程差.

图 6.4-1 迈克耳孙干涉仪实物图

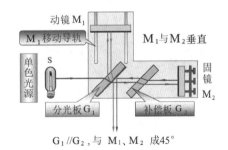

图 6.4-2 迈克耳孙干涉仪光路图

【实验原理】

一、等倾干涉

由实验 6.2 中薄膜干涉部分的讨论可得,薄膜干涉的光程差表达式如下:

$$\Delta L = 2d \sqrt{n^2 - n_1^2 \sin^2 i} \tag{6.4-1}$$

当选定一个光学系统时,介质的折射率分布是确定的,那么有无半波损失也是确定的.

此时,再保持薄膜的厚度 d 不变,那么光程差取决于入射角 i.入射角 i 发生变化,那么不同厚度处可满足不同的干涉条件,继而出现明暗相间的干涉条纹.入射角 i 相同处光程差相同,满足同样的干涉条件,因此产生的为同一级干涉条纹.反之,可推理得到,同一干涉条纹下必然对应同样的入射角 i.这种与入射角 i 密切联系的干涉称为等倾干涉,相应的干涉条纹称为等倾干涉条纹.

二、用迈克耳孙干涉仪测量钠光波长

图 6.4-3 所示为迈克耳孙干涉仪等效光路图.对于 E 处的观察者而言,光线 $2'$ 好像是从 M_2 经半反半透膜反射形成的虚像 M_2' 射来的一样.所以在这种情况下所观察到的干涉条纹,宛如 M_1 和 M_2' 之间的空气薄膜上下表面反射光所形成的干涉条纹.

此时式(6.4-1)中,$n = n_1 = 1$,根据半波损失产生的条件,可得光线 $1'$ 和 $2'$ 之间没有半波损失,因此式(6.4-1)可简化为

$$\Delta L = 2d \cos i \tag{6.4-2}$$

当 M_1 严格垂直于 M_2 时,则 M_1 严格平行于 M_2',两者之间的空气膜厚度 d 将保持不变,光线 $1'$ 和 $2'$ 之间的光程差只取决于入射角 i.入射角 i 相同处光程差相同,满足同样的干涉条件,因此产生的为同一级干涉条纹.反之,可推理得到,同一干涉条纹下必然对应同样的入射角 i.因此,此时迈克耳孙干涉仪观察到的是等倾干涉条纹.

图 6.4-4 说明了产生等倾圆环干涉条纹的过程.相同倾角的光线成轴对称分布,构成一个垂直于等效空气薄膜的光锥,所以等倾干涉的条纹为明暗相间的同心圆环.对于中央圆心,入射角 $i = 0$,光程差 ΔL 取得最大值,干涉条纹的级次也最高.随着圆环状条纹半径的扩大,入射角 i 逐渐增大,光程差 ΔL 逐渐减小,干涉条纹级次也依次降低(这与牛顿环正好相反).

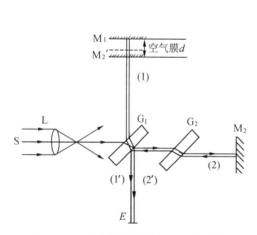

图 6.4-3 迈克耳孙干涉仪等效光路图

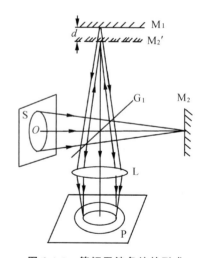

图 6.4-4 等倾干涉条纹的形成

根据干涉极值条件,出现相长干涉(明条纹)和相消干涉(暗条纹)的位置由式(6.4-3)决定:

$$\Delta L = 2d \cos i = \begin{cases} k\lambda, & k = 0,1,2,\cdots \text{(相长干涉,明条纹)} \\ \left(k + \dfrac{1}{2}\right) \cdot \dfrac{\lambda}{2}, & k = 0,1,2,\cdots \text{(相消干涉,暗条纹)} \end{cases} \tag{6.4-3}$$

由明条纹条件可知,当 k 一定时,如果空气膜厚度 d 逐渐减小,则 $\cos i$ 将增大,即入射

角 i 逐渐减小,那么干涉圆环的半径也逐渐减小,看到的现象是干涉圆环内缩(明条纹从圆心处"吞进去");反之,如果空气膜厚度 d 逐渐增大,干涉圆环的半径也逐渐增大,看到的现象是干涉条纹外扩(明条纹从圆心处"冒出来").对于中央条纹,若内缩或外扩 Δk 次,则光程差变化为

$$2\Delta d = \Delta k\lambda \tag{6.4-4}$$

式中,Δd 为 d 的变化量,所以有

$$\lambda = \frac{2\Delta d}{\Delta k} \tag{6.4-5}$$

通过上式则可求出光源的波长.

【实验内容及步骤】

一、迈克耳孙干涉仪的调节

1. 如图 6.4-5 所示,点燃钠光灯,调节其高度和方向,使从"十"字玻璃片出光口照射出来的光束大致照到两个平面镜 M_1、M_2 及观察屏的中部,并使从两个平面镜反射来的两束光能尽量原路返回,即尽可能回到钠光灯的出光口.

2. 调节 M_1、M_2 背后的两个微调螺丝(图 6.4-6),使得 M_1 和 M_2 大致垂直.

3. 调节粗调鼓轮(图 6.4-7),改变动镜 M_1 的位置,使得 M_1、M_2 到达半反半透膜的距离大致相等,即使得两路光线的光程大致相等.此位置通常为左侧主尺 50 mm 附近(图 6.4-8).

图 6.4-5　仪器摆放图

图 6.4-6　调节 M_1、M_2 背后的两个微调螺丝

图 6.4-7　调节粗调鼓轮

4. 用眼睛直接通过分光板的半反射面向 M_1 观察,即可看到"十"字标志的三个像(左侧 1 个"十"字标志的像、右侧 1 个"十"字标志的像和通过 M_2 反射过来的 1 个"十"字标志的像).调节 M_2 背后的两个微调螺丝(图 6.4-6),使得右侧 1 个"十"字标志的像和通过 M_2 反射过来的 1 个"十"字标志的像重合,一般即可看到极细密又较模糊的等倾干涉条纹.若未看到等倾干涉条纹,则应再调节 M_2 背后的两个微调螺丝,直至看到极细密的等倾干涉条纹为止(图 6.4-9).

图 6.4-8　动镜 M_1 的位置在左侧主尺 50 mm 附近

5. 若仅能看到部分而非完整的同心圆环,则调节 M_2 的水平拉簧螺丝和垂直拉簧螺丝

(图 6.4-10),使同心圆环圆心出现在视场中央.此时 M_1 与 M_2' 严格平行,干涉条纹的反差变大,且当眼睛上下左右微微移动时,同心圆环的大小不应发生变化,仅圆心随视点平移;若视点移动,中心圆环大小亦随之变化(吞、吐),则应根据变化的情况和规律来确定应调哪一个微调螺丝.

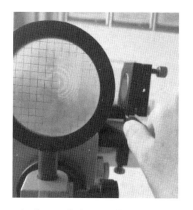

图 6.4-9　极细密的等倾干涉条纹　　　图 6.4-10　调节 M_2 的水平拉簧螺丝和垂直拉簧螺丝

6. 等倾干涉条纹规律如图 6.4-11 所示.若干涉条纹过于细密[图 6.4-11(a)和(e)],则说明 M_1 和 M_2' 之间的空气膜厚度 d 较大.此时调节粗调鼓轮,减小空气膜的厚度 d,即可观察到粗而疏的干涉条纹.

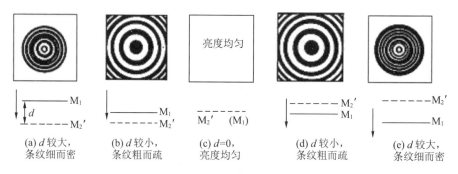

图 6.4-11　等倾干涉条纹规律

二、观察等倾干涉现象并记录数据

1. 调节仪器零点:将微调手轮沿某一方向(如顺时针方向)旋至零,同时注意观察读数窗刻度轮旋转方向;保持刻度轮旋向不变,转动粗调手轮,让读数窗口基准线对准某一刻度,使读数窗中的刻度轮与微调手轮的刻度轮相互配合.

2. 始终沿原调零方向,细心转动微调手轮,直到可以清晰地看到条纹"冒出来"或"吞进去",即可开始读数,并将数据记录在表 6.4-1 中.迈克尔孙干涉仪读数包含主尺读数、粗调鼓轮读数和微调鼓轮读数三部分(图 6.4-12).主尺分度值为 1 mm,粗调鼓轮读数分度值为 10^{-2} mm,微调鼓轮分度值为 10^{-4} mm,最后还需估读一位.

| (a) 主尺读数 | (b) 粗调鼓轮读数 | (c) 微调鼓轮读数 |

图 6.4-12　迈克耳孙干涉仪读数系统

3. 继续沿原来旋转方向转动微调鼓轮,观察到每 50 个干涉环"冒出来"或者"吞进去"时,将该位置的读数记入表 6.4-1 中,连续记录 5 次.

4. 根据式(6.4-5)计算钠光灯的平均波长.

【实验难点】

本实验的难点是调出粗且疏的等倾干涉条纹.粗调过后,细心地调节 M_2 背后的两个微调螺钉,使得视场中出现细且密的干涉条纹.若干涉条纹观察不全,可以调节 M_2 的水平拉簧螺丝和垂直拉簧螺丝,将圆心拉至视场中心;若干涉条纹过于细密,则通过调节粗调鼓轮,减小空气膜的厚度 d 即可.重复以上步骤,即可观察到粗且疏的等倾干涉条纹.

【注意事项】

1. 仪器上的光学元件精度极高,不要用手抚摸或让脏物沾上.

2. 由于仪器存在空程误差,一定要等条纹的变化稳定后才能开始测量.而且,测量一旦开始,微调鼓轮的转动方向就不能中途改变.

3. 在调节和测量过程中,一定要非常细心和耐心,转动手轮时要缓慢、均匀,切忌用力过猛.

【知识拓展】

迈克耳孙干涉仪最著名的应用即是它在迈克耳孙–莫雷实验中对以太风观测中所得到的零结果,这朵 19 世纪末经典物理学天空中的"乌云"为狭义相对论的基本假设提供了实验依据.

此外,由于激光干涉仪能够非常精确地测量干涉中的光程差,在当今的引力波探测中迈克尔孙干涉仪及其他种类的干涉仪都得到了相当广泛的应用.激光干涉引力波天文台(简称 LIGO)的本质其实就是迈克耳孙干涉仪.如图 6.4-13 所示,当引力波经过时,干涉仪的双"臂"长度会有微小的改变,导致产生光程差,科学家们再通过精密测量技术,在各种噪声中将微弱的信号捕捉出来.2017 年,万众瞩目的诺贝尔物理学奖被授予雷纳·韦斯、巴里·巴里什及基普·索恩,以表彰他们对 LIGO 探测装置的决定性贡献及探测到引力波的存在.在爱因斯坦预测引力波存在的 100 年之后,人类首次探测到了引力波.

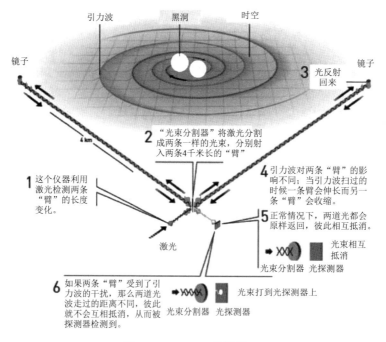

图 6.4-13　LIGO 装置原理图

【思考题】

1. 迈克耳孙干涉仪实验中的干涉条纹与牛顿环实验中的干涉条纹同为圆条纹,二者有何区别?

2. 若 M_1 与 M_2' 不平行,会产生哪种干涉? 此时观察到的干涉条纹是如何分布的(画图说明)?

【数据记录及处理】

实验 6.4 迈克耳孙干涉仪的调节和使用

班级：_____姓名：_____学号：_____实验日期：_____

1. 填写表 6.4-1.

表 6.4-1 等倾干涉现象记录数据

次数	d_1/mm	d_2/mm	$\Delta d = d_2 - d_1$/mm	$\overline{\Delta d}$/mm	λ/nm
1					
2					
3					
4					
5					

2. 请任选一道思考题作答.

评分：_____

教师签字：_____

"实验 6.4　迈克耳孙干涉仪的调节和使用"预习报告

班级:_____　姓名:_____　学号:_____　实验日期:_____

实验 6.5 单缝衍射

光是一种电磁波,具有波动特性,即能产生干涉、衍射等现象.研究光的衍射能够加深对光的本性的理解.光的衍射在现代光学、现代物理学与科学技术中得到越来越广泛的应用(例如,应用于光谱分析、结构分析、衍射成像等方面).

【实验目的】

1. 了解单缝衍射产生的条件.
2. 能够组装实验装置,观察单缝衍射现象,总结单缝衍射光强分布规律和特点.
3. 学习使用光电元件测量单缝衍射光强.

【实验仪器】

单缝板、光源氦氖激光器(波长为 632.8 nm)、光具座、光屏、望远镜、硅光电池、检流计、电阻箱等.

【实验原理】

衍射是指光在传播过程中遇到障碍物后绕过障碍物继续传播的现象.观察光的衍射现象通常需要光源、衍射屏(本实验中的单缝板)和接收屏.根据三者距离不同,衍射可分为近场衍射[也称作菲涅尔衍射,图 6.5-1(a)]和远场衍射[也称作夫琅禾费衍射,图 6.5-1(b)].本实验研究单缝夫琅禾费衍射.若光源和接收屏都移到足够远处,在单缝处入射光可看作平行光,在接收屏上的光也可看作平行光,此时衍射为单缝夫琅禾费衍射.在通常情况下,在实验室进行夫琅禾费衍射需借助两个会聚透镜来实现,光路图如图 6.5-2(a)所示,实验装置示意图如图 6.5-2(b)所示.

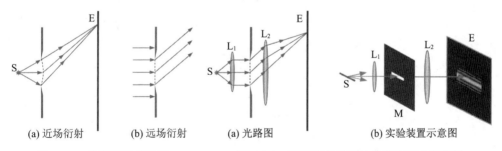

(a) 近场衍射　　　　(b) 远场衍射　　　　(a) 光路图　　　　(b) 实验装置示意图

图 6.5-1　单缝衍射光路图　　　　图 6.5-2　实验室条件下的单缝夫琅禾费衍射

如图 6.5-2(a)所示,将光源 S 放置在会聚透镜 L_1 的焦点处,出射光线为平行光线并入射单缝板,将接收屏放置于 L_2 的焦平面上,单缝板出射光线经过会聚透镜 L_2,使原本在远处的衍射图样能够成像在透镜 L_2 的像方焦平面上,这样就在实验室中近距离地实现了夫琅禾费衍射(本实验采用氦氖激光器作为光源.因为此光源方向性很好,所以不需要在单缝前后放置透镜,也可满足夫琅禾费衍射条件).

图 6.5-3 中,单缝宽度为 a,衍射角(衍射光与光轴的夹角)为 φ,入射光的波长为 λ,根据

惠更斯-菲涅尔原理,单缝衍射光强分布规律为

$$I = I_0 \frac{\sin^2 u}{u^2} \tag{6.5-1}$$

式中,$u = \dfrac{\pi a \sin \varphi}{\lambda}$.

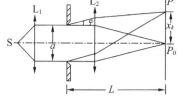

图 6.5-3 单缝夫琅禾费衍射光路图

根据光强分布表达式可知:

(1) 当 $\varphi = 0$ 时,$I = I_0$,此时平行于光轴的光线会聚到接收屏中央,产生中央明条纹.中央亮条纹中心点的光强是衍射图样中光强极大值,称为中央主极大.

(2) 当 $u = k\pi$,$I = 0$ 时,接收屏对应位置为暗条纹中心,此时

$$a \sin \varphi = k\lambda, \quad k = \pm 1, \pm 2, \pm 3, \cdots \tag{6.5-2}$$

又因为衍射角 φ 很小,因此式(6.5-2)可以改写成

$$\varphi = \frac{k\lambda}{a} \tag{6.5-3}$$

由图 6.5-3 也可看出,k 级暗条纹对应的衍射角 $\varphi_k = \dfrac{x_k}{L}$,则

$$\varphi = \frac{k\lambda}{a} = \frac{x_k}{L} \tag{6.5-4}$$

第 1 级暗条纹位置可由式(6.5-4)中 $k = \pm 1$ 得到:

$$x_1 = \pm \frac{\lambda L}{a} \tag{6.5-5}$$

其对应的衍射角的两倍,即中央亮条纹所对应的角宽度为

$$\Delta \varphi = \frac{2\lambda}{a} \tag{6.5-6}$$

(3) 位于相邻两条暗条纹之间的各级亮条纹的宽度是中央亮条纹宽度的一半,它们的光强最大值称为次极大.这些次极大所对应的衍射角分别为

$$\varphi = \pm 1.43 \frac{\lambda}{a}, \pm 2.46 \frac{\lambda}{a}, \pm 3.47 \frac{\lambda}{a}, \cdots \tag{6.5-7}$$

它们相应的相对光强分别为

$$\frac{I}{I_0} = 0.047\,18, 0.016\,94, 0.008\,34, \cdots \tag{6.5-8}$$

单缝衍射相对光强分布如图 6.5-4 所示. 根据以上计算、讨论,还可知:

(1) 中央明条纹衍射角宽度($\Delta \varphi = \dfrac{2\lambda}{a}$)与缝宽 a 成反比.当缝宽增加时,衍射角减小,各级条纹向中央靠拢;当缝宽 a 远大于入射光的波

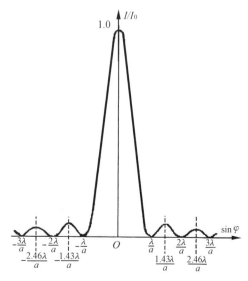

图 6.5-4 单缝衍射相对光强分布曲线

长 λ 时,衍射现象不明显,此时光可看成直线传播.

（2）任意相邻两条暗条纹衍射光线的夹角 $\Delta\varphi = \dfrac{\lambda}{a}$,即暗条纹以中央主极大为中心,左右等间隔对称分布.

【实验内容及步骤】

一、观察单缝衍射现象

1.将光具座置于水平载物台上并调节其水平,将激光器、望远镜、单缝板、接收屏、光电池等按图 6.5-5 所示安装于光具座上.

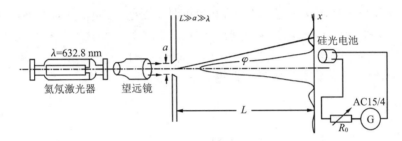

图 6.5-5　实验装置布置示意图

2.调节各光学元件上、下、左、右位置,使得它们满足共轴、等高要求.

3.打开激光器电源进行预热（激光器预热 30 min 后,输出光功率比较稳定,因此,在做检测光强分布实验前必须充分预热激光器）,根据平行光均匀通过狭缝后的衍射图样来调节狭缝,使狭缝保持水平,且狭缝中心与其他光学元件中心等高.

4.观察平行光束通过狭缝后投射在光屏上的衍射图样,描述并总结单缝衍射光强分布规律和特点.

5.减小单缝缝宽,观察并定性描述此过程中衍射图案的变化（中央明条纹宽度、条纹间距等）.

6.逐渐增大单缝缝宽,观察并定性描述此过程中衍射图案的变化（中央明条纹宽度、条纹间距等）.

7.总结单缝衍射产生条件.

二、测量单缝衍射图像的相对光强分布

1.打开检流计预热.

2.调节各元件,使得接收屏上出现清晰、对称的衍射图样,移去接收屏,用安装在测微螺旋装置上的硅光电池代替接收屏.

3.用检流计测出衍射光的光强分布,具体操作为:① 为满足逐点测量要求,在硅光电池前加宽度可调的微分狭缝做光阑（硅光电池受光面积大）;② 将硅光电池沿衍射图样的展开方向从左到右（或从右到左）以一定间隔（0.2～0.5 mm）单向、逐点测量衍射图样的光强.

4.数据归一化:将各点光强 I 除以光强最大值 I_0（中央主极大）,作 $\dfrac{I}{I_0}$-x 曲线,得单缝衍射相对光强分布曲线.

5.测量单缝与硅光电池的距离 L,根据分布曲线得第 1 级暗条纹（光强极小值）的位置

x_1,根据式(6.5-4)得第 1 级暗条纹的衍射角,将单缝与硅光电池距离 L、第 1 级暗条纹位置 x_1 代入式(6.5-5),计算单缝宽度 a.

6. 根据光强分布曲线确定各次极大位置及相对光强,与通过式(6.5-7)、式(6.5-8)计算得到的理论值做比较.

【注意事项】

1. 不可直视激光光源,以免灼伤眼睛.

2. 激光光源充分预热后才输出较稳定的功率,因此,测量衍射光强分布前必须充分预热.

3. 测量光强分布时,为消除空程误差,必须单向逐点检测(即始终向左或者始终向右).

4. 激光光源平行性较好,可省略单缝前后透镜.本实验省略狭缝与接收屏之间的透镜,但应使接收屏(测光强分布装置)与单缝板相距 50 cm 左右.

5. 使用检流计时,需注意检流计量程的选择.

【思考题】

1. 比较分析实验和理论两组曲线,归纳单缝衍射图像的分布规律和特点.

2. 实验中若其他条件不变,将单缝宽度减半或增加一倍,重复上述步骤,再次得到相对光强分布,描绘的实验曲线与本次实验中描绘的曲线会有哪些异同?

【数据记录及处理】

实验 6.5　单缝衍射

班级：_____ 姓名：_____ 学号：_____ 实验日期：_____

1. 观察单缝衍射现象.

（1）观察平行光束通过狭缝后投射在光屏上的衍射图样，描述并总结单缝衍射光强分布规律和特点.

_____

（2）减小单缝缝宽，观察并定性描述此过程中衍射图案变化（中央明条纹宽度、条纹间距等）.

_____

（3）逐渐增大单缝缝宽，观察并定性描述此过程中衍射图案变化（中央明条纹宽度、条纹间距等），总结单缝衍射产生的条件.

_____

2. 测量单缝衍射图像的相对光强分布.

（1）请在表 6.5-1 中记录单缝衍射实验逐点测量的光强，并找到中央主极大光强 $I_0 =$ _____，坐标 $x_0 =$ _____.

（2）归一化光电流数据，将所测数据除以最大值 I_0，得相对光强 $\dfrac{I}{I_0}$，填入表 6.5-1 相应位置.

表 6.5-1　单缝衍射光强实验数据记录

坐标 x/mm	光强 I	相对光强 I/I_0	坐标 x/mm	光强 I	相对光强 I/I_0	坐标 x/mm	光强 I	相对光强 I/I_0	坐标 x/mm	光强 I	相对光强 I/I_0

（3）作曲线 $\dfrac{I}{I_0}$-x.

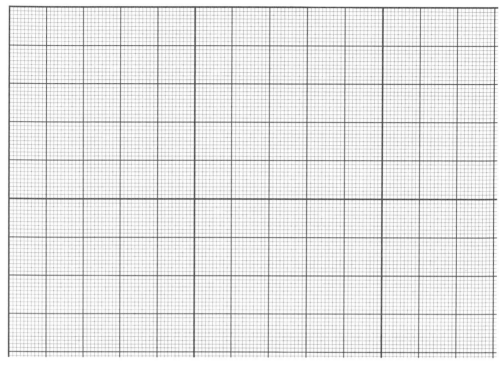

（4）单缝与硅光电池距离 $L=$ _____，根据分布曲线，得第 1 级暗条纹（光强极小值）位置 $x_1=$ _____，则第 1 级暗条纹衍射角 $\varphi=$ _____．根据式（6.5-5），计算单缝宽度 a.

（5）根据光强分布曲线确定各次极大位置及相对光强，与式（6.5-7）、式（6.5-8）计算得到的理论值做比较.

3. 请任选一道思考题作答.

评分：_____

教师签字：_____

"实验 6.5　单缝衍射"预习报告

班级：＿＿＿＿＿　姓名：＿＿＿＿＿　学号：＿＿＿＿＿　实验日期：＿＿＿＿＿

实验 6.6　偏振现象的研究

光的偏振是波动光学的一种重要现象.通过对光的偏振的研究,人们对光的传播(反射、折射、吸收和散射等)的规律有了新的认识.特别是近年来利用光的偏振开发出来的各种偏振光元件、偏振光仪器和偏振光技术在现代科学技术中发挥了极其重要的作用,在光调制器、光开关、光学计量、应力分析、光信息处理、光通信、激光和光电子学器件等方面有着广泛的应用.本实验将对光偏振现象进行观察、分析和研究.

【实验目的】

1. 观察光的偏振现象,以加深对光偏振的认识.
2. 掌握产生和检验偏振光的基本原理和方法.
3. 验证马吕斯定律.

【实验仪器】

氦氖激光器、起偏器、检偏器、光功率计及光具座等附件(图 6.6-1).

1—氦氖激光器；2—起偏器；3—检偏器；4—光具座.

图 6.6-1　实验仪器

【实验原理】

光波是电磁波.光波中含有电矢量 E 和磁矢量 H,且 E 和 H 都和传播速度 v 垂直,因此光波是横波.实验事实表明,产生感光作用和生理作用的是光波中的电矢量 E,所以讨论光的作用时,可只考虑电矢量 E 的振动.E 也被称为光矢量,E 的振动被称为光振动.我们把由光振动方向与波的传播方向所确定的平面称为振动面.从光源发出的光,具有与光波传播方向相垂直的一切可能的振动.这些振动的取向是杂乱的,而且是不断变化着的.从统计上来看,它们的总和是以光传播方向为对称轴的.这种光被称为自然光.自然光经过媒质的反射、折射和吸收以后,能使光波电矢量的振动在某一方向具有相对的优势.这种取向的作用被称为光的偏振.若电矢量的振动在传播过程中只限于某一确定的平面内,这样的光被称为平面偏振光.由于它的电矢量的末端轨迹为一直线,故也被称为线偏振光.若振动只在某一确定的方向上占有相对优势,则这样的光被称为部分偏振光.此外,还有一种偏振光,它的电矢量随时间做有规则的改变,电矢量末端在垂直于传播方向的平面上的轨迹呈圆或椭圆,这样的偏振光被称为圆偏振光或椭圆偏振光.能使自然光变成偏振光的装置或仪器被称为起偏器.用来检验光是否偏振的装置或仪器被称为检偏器.

一、平面偏振光的产生

(一)反射产生偏振

如图 6.6-2 所示,当一束自然光以入射角 i_B,从折射率 $n_1 = 1.00$ 的空气中入射到折射率为 n_2 的非金属(如玻璃、水等)界面上时,如果

$$i_B = \arctan \frac{n_2}{n_1} \tag{6.6-1}$$

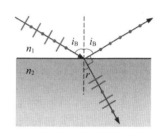

图 6.6-2　反射产生偏振

则从界面上反射出来的光为平面偏振光,振动方向垂直于入射面(即图 6.6-2 的纸面),此时透射光为部分偏振光.式(6.6-1)即为布儒斯特定律,i_B 称为布儒斯特角,也称为全偏振角.对于 $n_2 = 1.5$ 的玻璃,$i_B = 56.3°$.当以任意角入射时,反射光只是部分偏振光(图中"·"表示垂直于纸面的偏振,"/"表示平行于纸面的偏振.

(二)折射产生偏振

如图 6.6-3 所示,当自然光以布儒斯特角平行地入射到叠在一起的多层玻璃片(即玻璃堆)时,由于每经一层玻璃片反射后,透射光中垂直于入射面的分振动均递减一部分,随着玻璃片数的增加,光经多次折射,垂直于入射面的振动逐渐减弱,在平行于入射面的振动的相对优势就越来越大.这样,透射光的偏振程度就越来越高,近乎振动方向平行于入射面的平面偏振光.

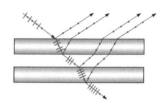

图 6.6-3　折射产生偏振

(三)二向色性晶体选择吸收产生偏振

二向色性晶体(如电气石)对两个相互垂直振动的电矢量具有不同的吸收本领.这种选择吸收性被称为二向色性.当自然光通过这种二向色性的晶体时,晶体使光线在其内部分解为振动相互垂直的两种成分的偏振光.其中某一成分的振动几乎被完全吸收,而另一成分的振动透射时几乎没有损失,这一方向称为二向色性晶体的透振方向.由此透射的光就成为平面偏振光.

二、马吕斯定律

线偏振光通过检偏器后,出射线偏振光的光强与检偏器的透振方向和入射光振动方向之间的夹角有关,出射光强的大小遵守马吕斯定律.图 6.6-4 中入射线偏振光的光强为 I_0,入射光方向与偏振片透振方向 P 之间的夹角为 α。显然,入射光的光强 I_0 和出射光的光强 I 的关系为

$$I = I_0 \cos^2 \alpha \tag{6.6-2}$$

其中,α 为入射偏振光的振动方向与检偏器透振方向的夹角.

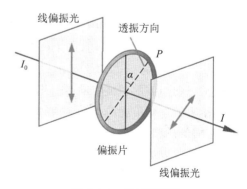

图 6.6-4　马吕斯定律

【实验内容及步骤】

1. 根据图 6.6-1 搭建光路,观测自然光的偏振现象.

2. 定量观察马吕斯定律.

(1) 在光学平台上参考图 6.6-5 所示顺序摆放光学元件,先不放检偏器,调整光源、各光学元件、光功率计至等高.

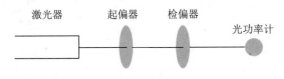

激光器　　　　起偏器　　检偏器

光功率计

图 6.6-5　光学元件摆放示意图

(2) 旋转起偏器,观察光功率计的读数,选择合适量程,确保最强光照时光强不超过探测器量程.

(3) 固定起偏器角度值,加入检偏器并调节至等高状态.旋转检偏器,以初始状态为 0°,每隔 5°记录光功率计的读数,并填入表 6.6-1.记录 180°范围内的变化,注意观察消光现象.

(4) 旋转起偏器 45°,重复步骤(3).

【思考题】

1. 如果背景光过强,会对实验产生什么样的影响?

2. 假如有自然光、圆偏振光、自然光与圆偏振光的混合光这三种光,请设计一个方案将它们判别出来.

3. 试设计一个实验装置来区别椭圆偏振光和部分偏振光.

【数据记录及处理】

实验 6.6 偏振现象的研究

班级：_____姓名：_____学号：_____实验日期：_____

1. 填写表 6.6-1.

表 6.6-1 验证马吕斯定律的实验数据

α	0°	5°	...	180°
I_1（观测值）				
I_2（观测值）				

每间隔 5°测量一次，记录 0°～180°范围内的变化.完成上述表格后，在计算机上利用 Excel 绘出 I_1-α 和 I_2-α 曲线，再利用余弦函数拟合数据，看实验结果是否可验证马吕斯定律.

2.请任选一道思考题作答.

评分：_____

教师签字：_____

"实验 6.6　偏振现象的研究"预习报告

班级：_____姓名：_____学号：_____实验日期：_____

实验 6.7　分光计的调节及三棱镜顶角的测定

　　分光计(测角仪)是用来精确地测量光线偏转角度的仪器.光学实验中测量光线偏转角度的情况很多,如反射角、折射角、衍射角、布儒斯特角、三棱镜的顶角、最小偏向角等.通过分光计测定角度之后,利用相关公式可以测定其他一些光学量.例如,棱镜玻璃的折射率、光栅常数、光波的波长等.因此,分光计在光学实验中应用十分广泛.

　　分光计的基本光学结构是许多光学仪器(如棱镜光谱仪、光栅光谱仪、分光光度计、单色仪等)的基础.通过本实验的训练,能掌握这类光学仪器的调节和使用技能.

【实验目的】

　　1. 了解分光计的结构及调节原理.
　　2. 掌握分光计的调节方法.
　　3. 用反射法测量三棱镜的顶角.

【实验仪器】

　　分光计、双面反射镜、三棱镜、低压钠灯(589.3 nm)或低压汞灯(404.7 nm)、电源.

　　分光计主要由底座、望远镜系统、载物台、读数盘、平行光管(准直管)五个部分组成,如图 6.7-1 所示.

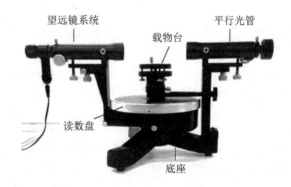

望远镜系统　　载物台　　平行光管
读数盘
底座

图 6.7-1　分光计的实物图

　　一、底座

　　底座的中心有沿竖直方向的转轴套,即分光计的主轴.使用相应的微调螺钉和止动螺钉,可以使望远镜系统、读数盘、载物台等绕分光计主轴,或自由转动,或锁定固定不动.

　　二、望远镜系统

　　望远镜系统主要由目镜、分划板和物镜组成(图 6.7-2).分划板一侧紧贴一个直角三棱镜,下方有一个小灯泡.棱镜与分划板之间夹有一个刻着透明十字线的绿色膜片.其在小灯泡的照明下成了一个"＋"字发光体.

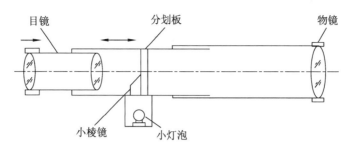

目镜　　　　　　分划板　　　　　　物镜

小棱镜　　　小灯泡

图 6.7-2　望远镜系统结构图

操作者从目镜中观察,可看到如图 6.7-3 所示的目镜视场.视场中有两横一竖"十"的双十字叉丝线,其中上面的横线为调节用叉丝线,下面的横线为测量用叉丝线.视场下面有一块明亮的绿色的方块,绿色方块中间有一个"十"字.

三、载物台

载物台用来放置待测元件,其结构图如图 6.7-4 所示.载物台下方有三个调平螺钉支撑.三个调平螺钉组成一个正三角形,用于调节载物台的倾斜角度.

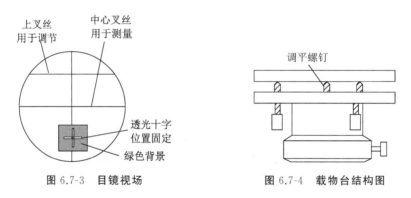

上叉丝
用于调节　　　中心叉丝
用于测量

透光十字
位置固定

绿色背景

图 6.7-3　目镜视场

调平螺钉

图 6.7-4　载物台结构图

四、读数盘

读数盘由内外套在一起的两个圆盘组成.如图 6.7-5 所示,外圈为主刻度盘,内圈为游标盘.由于分光计的刻度盘是一个圆,转动的时候转轴不可能严格地正好位于圆心,所以主刻度盘与分光计的主轴之间必然会存在偏心.为了消除偏心差,游标盘上设置了两个相隔 $180°$ 的游标盘.

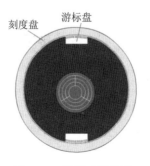

刻度盘　　　游标盘

图 6.7-5　读数盘结构图

主刻度盘一周代表 $360°$,上面刻有长短相间的 720 条等分刻线,分度值为 $360°/720$ 格 =

0.5°/格＝30′/格.小于30′的数据则从游标盘的标尺上读出.游标盘的分度值为1′.两部分相加即为最终读数,总分度值为1′.

如图6.7-6所示,先读出零刻度线停在主刻度盘上的读数(87°+30′);再从游标盘上读出小于30′的数据,找到游标盘上与主刻度盘对齐的那一条刻度线,1格为1′,图中游标盘上第15条刻度线与主刻度线重合,记为15′;读数盘的完整读数为87°+30′+15′＝87°45′.除此之外,测量时,两个游标盘都应读数,然后取平均值,以消除偏心引起的误差.

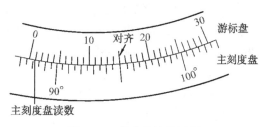

图 6.7-6 分光计读数示例

五、平行光管

平行光管用于产生平行光.平行光管固定在分光计底座上,一端是物镜,另一端是狭缝.狭缝管套在外管内可以旋转,又能在外管内前后移动,以改变狭缝到物镜的距离.当狭缝位于物镜的焦距处时,被光源照亮的缝发出的光经过物镜成为平行光束.

【实验内容及步骤】

一、调节分光计

要调节分光计,主要要求有四条(图6.7-7):

(1) 望远镜接收平行光.

(2) 平行光管出射平行光.

(3) 望远镜的光轴和平行光管光轴同轴,与仪器的主轴垂直.

(4) 载物台平面水平,使之与仪器的主轴垂直.

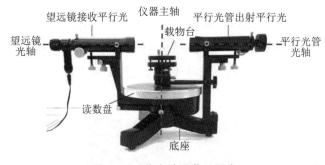

图 6.7-7 分光计调节总要求

图 6.7-8 接通望远镜内灯泡电源

(一) 正确摆放仪器,并接通电源

正确摆放实验仪器.望远镜分划板下方有一个小灯泡,如图6.7-8所示.用配套的电源连入电路点亮小灯泡;调节钠光灯的高度,使出光口与平行光管狭缝等高,并置于平行光管狭缝一端.在调节平行光管出射平行光之前,钠光灯无须接入电源.

（二）目测粗调

1. 调节望远镜下光轴俯仰角螺钉.

从侧面观察，调节望远镜下光轴俯仰角螺钉（图 6.7-9），使得望远镜筒与下方支架之间空隙高度一致.此时望远镜光轴与仪器主轴大致垂直.

图 6.7-9　调节望远镜下光轴俯仰角螺钉

2. 调节载物台下三个调平螺钉.

从侧面观察，调节载物台下三个调平螺钉（图 6.7-10），使得载物台与下方底座之间空隙高度一致.此时载物台基本水平，与仪器主轴大致垂直.

3. 调节平行光管下光轴俯仰角螺钉.

从侧面观察，调节平行光管下光轴俯仰角螺钉（图 6.7-11），使得平行光管与下方支架之间空隙高度一致.此时平行光管光轴与仪器主轴大致垂直.

图 6.7-10　调节载物台下三个调平螺钉　　　图 6.7-11　调节平行光管下光轴俯仰角螺钉

（三）对望远镜进行调焦，使其能接收平行光

1. 望远镜目镜调焦.

如图 6.7-12（a）所示，调节目镜调焦手轮，改变目镜与分划板之间的距离，直至看到清晰的黑色双十字"╪"叉丝像[图 6.7-12（b）.若视场比较暗，可将带放大镜的照明小灯置于望远镜物镜附近，照亮背景]为止.

(a) 调节目镜调焦手轮　　　　　　(b) 清晰的黑色双十字"╪"叉丝

图 6.7-12　调节目镜调焦手轮，出现清晰的黑色"╪"叉丝

2. 望远镜物镜调焦.

按照图 6.7-13(a),将双面反射镜正确摆放在载物台上.从图 6.7-13(b)中可见,载物台上面刻有三条刻线,刻线边缘下方对应的是载物台三个调平螺钉.让双面反射镜的镜面与其中的任意一条刻线垂直.为了方便表述,我们将位于这条刻线端点处的螺钉定义为 A,其他两个螺钉依次定义为 B、C.

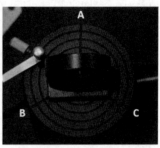

(a) 放置双面反射镜　　　　　　　(b) 双面反射镜放置俯视图

图 6.7-13　双面反射镜

调节目镜筒锁紧螺丝(图 6.7-14),使目镜筒伸出 5 mm 左右(图 6.7-15).此时分划板大概位于望远镜物镜的焦平面上.

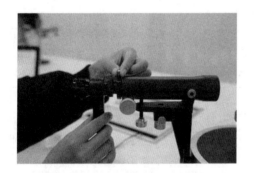

图 6.7-14　调节目镜筒锁紧螺丝　　　　　图 6.7-15　目镜筒伸出 5 mm 左右

调松游标盘止动螺钉(图 6.7-16),缓慢地转动游标盘(图 6.7-17),带动载物台和双面反射镜一起绕仪器主轴转动.

图 6.7-16　调松游标盘止动螺钉　　　　　图 6.7-17　转动游标盘

　　同时利用望远镜目镜寻找由双面反射镜反射回来的光斑(模糊的绿色亮十字,图 6.7-18),通常此时的绿十字像不太清晰,说明物镜的焦平面尚未处在分划板上,再次松动目镜筒锁紧螺钉(图 6.7-14),前后滑动目镜镜筒(图 6.7-15),改变分划板与物镜之间的距离,直至绿十字反射像清晰为止(图 6.7-19).如果看不到,这说明从望远镜出射的光没有被平面镜反射回到望远镜中,粗调未达到要求,应重新粗调.若眼睛左右晃动时反射像与叉丝线之间无相对移动,则说明物镜的焦平面已调到分划板上,拧紧目镜筒锁紧螺钉(图 6.7-14),完成望远镜物镜调焦.

 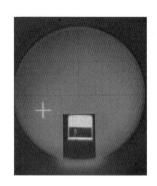

图 6.7-18　模糊的绿十字像　　　　　　图 6.7-19　清晰的绿十字像

　　(四)调节望远镜光轴,使之垂直于分光计主轴

　　当反射镜两面反射的绿十字像都能与分划板中双十字"╪"叉丝中的上叉丝线重合时,则说明望远镜的光轴和分光计的主轴垂直.在一般情况下,开始时两者并不重合,甚至只能在一面观察到绿十字像.这些在实验中都是经常出现的情况.实验者需要仔细调节.这一步也是本实验的难点.

　　下面介绍调节望远镜俯仰角螺钉和 A 螺钉(图 6.7-20)的方法:先将 A 螺钉对准望远镜,从望远镜中观察平行光经双面反射镜正面(本身无正反,为了方便表述定义)反射回来的绿十字像.在通常情况下,该绿十字像与上叉丝线并不重合,用 h 表示两者之间的高度差.接着,采用各半法(也称逐步逼近法,图 6.7-21)使绿十字像与上叉丝线重合.具体操作方法如下:先调节望远镜下俯仰角螺钉,使得绿十字像与上叉丝线之间的高度差缩小为 $h/2$;再调节 A 螺钉,使绿十字像与上叉丝线重合.

图 6.7-20　A 螺钉对准望远镜(双面反射镜正面对准望远镜)

(a) 绿十字像距上叉丝线高度为 h　(b) 绿十字像距上叉丝线高度为 $h/2$　(c) 绿十字像与上叉丝重合

图 6.7-21　各半法调节

缓慢地转动游标盘(图 6.7-17),带动载物台和双面反射镜一起绕仪器主轴转动,使双面反射镜的反面对准望远镜(图 6.7-22).注意,并不是用手拿起双面反射镜,使双面反射镜的反面对准望远镜.

同样地,采用各半法,使经双面反射镜反面反射回来的绿十字像也与上叉丝线重合.反复调节多次,使得正反两面反射回来的绿十字像都落在上叉丝线上,即完成望远镜光轴垂直于仪器主轴的调节.在后续的步骤中,这两个螺钉不可动,否则会失去标准.

图 6.7-22　使双面反射镜的反面对准望远镜

(五) 调节载物台平面水平,使之与仪器的主轴垂直

经过上一步的调节,载物台可能沿着 B、C 连线的方向有倾斜.拿起双面反射镜,旋转 $90°$,使镜面平行于 A 螺钉刻线(图 6.7-23),并放置于载物台上.

再次运用各半法,通过反复多次调节 B、C 螺钉(图 6.7-24),使得从平面镜正反两面反射回来的绿十字像都落在上叉丝线上,即完成载物台平面水平与仪器的主轴垂直的调节.

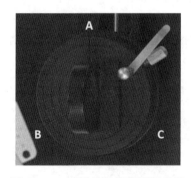

图 6.7-23　双面反射镜镜面平行于 A 螺钉刻线放置

图 6.7-24　载物台平面水平与仪器的主轴垂直的调节

(六) 调节平行光管,使之出射平行光

取下双面反射镜,打开钠灯,照亮狭缝装置,待钠灯正常发光后,调松狭缝装置锁紧螺钉,前后移动狭缝装置,改变狭缝与平行光管物镜之间的距离(图 6.7-25),直到通过望远镜能够观察到目镜分划板上清晰而无像差的狭缝像(图 6.7-26)为止.这时狭缝已处在平行光

管物镜的焦平面上,出射的光已是平行光.

图 6.7-25　调节狭缝与平行光管物镜之间的距离

图 6.7-26　清晰而无像差的狭缝像

（七）调节平行光管,使其光轴与仪器主轴垂直

转动狭缝装置,使狭缝像与双十字叉丝横线平行.调节平行光管下方的俯仰角螺钉(图 6.7-27),使得狭缝像与中心叉丝重合(图 6.7-28).此时平行光管光轴与仪器主轴垂直.再次转动狭缝装置90°,使狭缝像与双十字叉丝竖线重合(图 6.7-26),拧紧狭缝装置锁紧螺钉,即完成平行光管的调节.

图 6.7-27　调节平行光管下方俯仰角螺钉

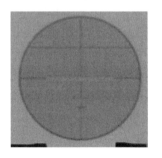
图 6.7-28　狭缝像与中心叉丝重合

（八）调整读数系统

转动游标盘,使两个游标相对于平行光管左右对称放置(图 6.7-29),拧紧游标盘止动螺钉.松开转座与主刻度盘的止动螺钉,转动主刻度盘,使主刻度盘上"0"刻度线或"180"刻度线对准望远镜支臂,这样做的目的是便于以后的读数和数据处理,拧紧止动螺钉,使主刻度盘能随着望远镜一起转动.至此分光计已全部调整完毕.

图 6.7-29　游标盘左右对称放置

二、测量三棱镜的顶角

本实验用反射法（又称平行光法）测量三棱镜的顶角，实验原理图如图 6.7-30 所示.

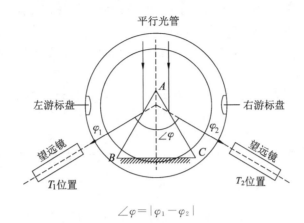

$$\angle\varphi=|\varphi_1-\varphi_2|$$

图 6.7-30　反射法测量三棱镜顶角原理图

将三棱镜的顶角 A（由两个光学面组成的顶角）对准平行光管放置.平行光管射出的光束照射在三棱镜的两个光学面 AB、AC 上，从而发生反射.利用望远镜分别找到两束反射光所在的位置 T_1 和 T_2.

从分光计的读数系统可以得到 AB 面反射光所在 T_1 位置的读数（左游标盘读数记为 $\varphi_{1左}$，右游标盘读数记为 $\varphi_{1右}$），并记入表 6.7-1 中：

$$\varphi_1=\frac{\varphi_{1左}+\varphi_{1右}}{2} \tag{6.7-1}$$

用同样的方法可得到 AC 面反射光所在 T_2 位置的读数（左游标盘读数记为 $\varphi_{2左}$，右游标盘读数记为 $\varphi_{2右}$），并填入表 6.7-1 中：

$$\varphi_2=\frac{\varphi_{2左}+\varphi_{2右}}{2} \tag{6.7-2}$$

那么，这两束反射光间的夹角 $\angle\varphi$ 为

$$\angle\varphi=|\varphi_1-\varphi_2| \tag{6.7-3}$$

由简单的几何关系可得，三棱镜顶角 $\angle A$ 为这两束反射光间的夹角 $\angle\varphi$ 的一半，即

$$\angle A=\frac{\angle\varphi}{2}=\frac{|\varphi_1-\varphi_2|}{2}=\frac{|\varphi_{1左}-\varphi_{2左}|+|\varphi_{1右}-\varphi_{2右}|}{4} \tag{6.7-4}$$

注意：如果在望远镜移动过程中某游标窗经过主刻度盘的"0"位置，则该读数应加上或减去 360° 后再参与计算.

【实验难点】

调节望远镜光轴，使之垂直于分光计主轴；调节载物台平面水平，使之与仪器的主轴垂直.这是本实验的难点，也就是通常所说从望远镜中能观察到双面反射镜正反两面反射回来的绿十字像，且绿十字像都落在双十字叉丝中的上叉丝.采用的调节方法是各半法.实验者需要反复多次细心地调节.

【注意事项】

1. 所有光学仪器的光学面均不能用手擦拭,应该用镜头纸轻轻揩擦.三棱镜、双面反射镜应妥善放置,以免损坏.

2. 分光计是较精密的光学仪器.不允许在制动螺钉锁紧时强行转动望远镜或游标盘等,也不要随意拧动狭缝.

3. 在读数前务必锁紧分光计的几颗止动螺钉,以防读数过程中望远镜或游标盘转动,否则取得的数据不可靠.

4. 读数时,左、右游标不要弄混.

5. 钠灯开启后直至结束(中途不要关闭)才关闭,实验结束后必须关闭钠灯.

【思考题】

1. 当借助平面镜调节望远镜光轴,使之垂直于分光计主轴时,为什么要旋转 180°,使平面镜两面的法线先后都与望远镜的光轴平行? 只调节一面行吗?

2. 为什么分光计要有两个游标刻度?

【数据记录及处理】

实验 6.7 分光计的调节及三棱镜顶角的测定

班级：_____姓名：_____学号：_____实验日期：_____

1. 填写表 6.7-1.

表 6.7-1 三棱镜顶角的测定

次数	T_1		T_2		$\angle\varphi$	$\angle A$	$\angle A_{平均}$
	$\varphi_{1左}$	$\varphi_{1右}$	$\varphi_{2左}$	$\varphi_{2右}$			
1							
2							
3							

2. 请任选一道思考题作答.

评分：_____

教师签字：_____

"实验 6.7　分光计的调节及三棱镜顶角的测定"预习报告

班级：_____　姓名：_____　学号：_____　实验日期：_____

实验 6.8　透射光栅测量光波波长

光栅是根据多缝衍射原理制成的一种分光元件,在结构上有平面光栅、阶梯光栅和凹面光栅等几种,同时又分为用于透射光衍射的透射光栅和用于反射光衍射的反射光栅两类.本实验选用的是透射光栅.

【实验目的】

1. 进一步熟练掌握分光计的调节和使用方法.
2. 观察光线通过光栅的衍射现象.
3. 测定衍射光栅的光栅常量、光波波长.

【实验仪器】

分光计、双面反射镜、透射光栅、低压汞灯及电源.

一、分光计

分光计的详细介绍参见实验 6.7 相应部分.

二、透射光栅

图 6.8-1 为透射光栅实物图.该透射光栅是通过在光学玻璃上刻画大量相互平行、宽度和间隔相等的刻痕制成的. 一般地,光栅上每毫米刻画几百至几千条刻痕.如图 6.8-2 所示,当光照射在光栅上时,未经刻画的部分透光率高,形成透光的狭缝(宽度为 a);而刻痕处由于散射不易透光(宽度为 b).相邻两缝之间的宽度 $d=a+b$,称为光栅常数.

图 6.8-1　透射光栅实物图

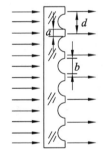

图 6.8-2　透射光栅结构图

【实验原理】

一、光栅方程及光栅衍射光谱

光栅是利用多缝衍射原理,使光发生色散的一种分光元件.如图 6.8-3 所示,将单色光源 S 置于透镜 L_1 的物方焦面上,经透镜 L_1 后成为平行光且垂直照射于光栅平面上.通过每个狭缝的光都会发生衍射.衍射角为 θ_k 的光束经过透镜 L_2 后会聚于透镜 L_2 焦平面的点 P_k 处,形成对应级次的明纹.由此可在透镜 L_2 焦平面上观察到一系列间距不等的明条纹,此即为该单色光的线光谱.

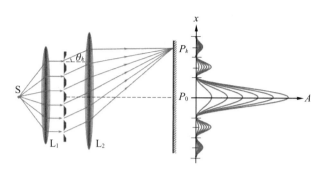

图 6.8-3　光路图

根据光栅衍射理论,衍射光谱中明条纹的位置由下式决定:

$$d \sin \theta_k = \pm k\lambda \quad (k=0,1,2,3,\cdots) \tag{6.8-1}$$

式(6.8-1)称为光栅方程.式中,θ_k 为衍射角,λ 为光波的波长,k 是光谱级数($k=0,\pm1,\pm2,\cdots$),d 称为光栅常量.当 $k=0$ 时,$\theta_k=0$,此时明条纹为中央明条纹.从式(6.8-1)可以看出,当光栅常数 d 一定时,各级明条纹衍射角 θ_k 的大小与入射光的波长 λ 有关.

当一束含有各种波长的复色光(如白光)经过光栅时,其中各种波长的光将产生各自的一套衍射条纹.如图 6.8-4 所示,在同一级明条纹中,波长较短的光(比如紫光)的衍射角较小,因而其离中央明条纹较近;而波长较长的光(比如红光)的衍射角较大,因而其离中央明条纹较远.这样,除中央明条纹外,其余各级明条纹就是按波长由短到长排列所形成的彩色光带.这些彩色光带就

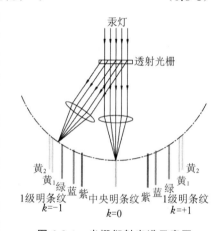

图 6.8-4　光栅衍射光谱示意图

形成了复色光的衍射光谱.因此,在测定衍射角 θ_k(通过分光计测定)后,只要知道光栅常量 d,就可以根据光栅方程求出未知光的波长 λ.

二、光栅常数的测量

用汞灯光谱中的绿线($\lambda=546.1$ nm)作为已知波长,测量光栅常数 d.测量公式为

$$d = \frac{k\lambda}{\sin \theta_k} \tag{6.8-2}$$

三、未知光的波长的测量

利用式(6.8-2)测得实验中所用光栅的光栅常数后,再通过分光计测定未知光衍射角 θ_k,即可用下式求得未知光的波长:

$$\lambda = \frac{d \sin \theta_k}{k} \tag{6.8-3}$$

【实验内容及步骤】

一、调节分光计

调节分光计的主要要求见实验 6.7.

二、调节光栅

把光栅按图 6.8-5 所示放置在载物台上,尽可能使光栅平面垂直平分调平螺钉 A、B 连线.调节光栅时应达到下述两个要求:

(一)入射光垂直照射光栅表面

使光栅平面与平行光管轴线大致垂直,然后调节载物台下方调平螺钉 A、B,使从光栅平面反射回来的"+"字叉丝像(亮度较弱)与分划板上"╪"形刻线的上叉丝线中心重合(注意:望远镜已调好,不能再动,如图 6.8-6 所示),固定载物台.

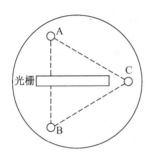

图 6.8-5　光栅放置位置

图 6.8-6　分划板视场

(二)调节平行光管的狭缝,使之与光栅刻痕平行

转动望远镜,观察衍射光谱的分布情况,注意中央明条纹两侧的衍射光谱是否在同一水平面内.如果有高低的变化,说明狭缝与光栅刻痕不平行.调节载物台调平螺钉 C,直到中央明条纹两侧的衍射光谱在同一水平面上.

三、测量光栅常数 d

由于衍射光谱的分布位置对称于中央明条纹,所以 $+k$ 级和 $-k$ 级光谱线之间夹角的一半为该级光谱的衍射角.本实验采用汞灯一级光谱中绿线($\lambda = 546.1$ nm)作为已知波长,测量光栅常数 d.

1. 先将望远镜对准中央明条纹,然后转到左侧 $k = -1$ 级,对准第 $k = -1$ 级光谱线中的绿光谱线,锁紧望远镜.借助微调螺钉,微调望远镜位置,使分划板的垂直刻线对准待测的该谱线(为避免回程误差,应先向黄光谱线方向多移动一些,再返回绿光谱线).从左、右游标上分别读取数据 $\varphi_{(-1L)}$ 和 $\varphi_{(-1R)}$,记录在表 6.8-1 中.

2. 将望远镜转到光栅的右侧 $k = +1$ 级,同样对准第 $k = +1$ 级光谱线中的绿光谱线,从左、右游标上分别读取数据 $\varphi_{(+1L)}$ 和 $\varphi_{(+1R)}$,记录在表 6.8-1 中.

3. 重复步骤 1、2,计算 1 级光谱中绿光谱线的衍射角.计算公式为

$$\theta = \frac{|\varphi_{(-1L)} - \varphi_{(+1L)}| + |\varphi_{(-1R)} - \varphi_{(+1R)}|}{4} \tag{6.8-4}$$

4. 根据步骤 3 计算出的衍射角,取平均值后代入式(6.8-2),计算出光栅常数 d.

四、测定光的波长

本实验选择汞灯光谱中蓝线、黄$_1$线和黄$_2$线作为测量目标.多次测量它们的衍射角,并计算波长 λ.测量方法与测定光栅常数中绿光谱线衍射角的方法相同.将测量数据记录在表 6.8-1 中.

【实验难点】

分光计的调节是本实验的难点.

【注意事项】

注意事项同实验 6.7.

【思考题】

1. 使用分光计进行测量之前,应将分光计调节到何种状态?
2. 当狭缝过宽或过窄时,将会出现什么现象? 为什么?

【数据记录及处理】

实验 6.8　透射光栅测量光波波长

班级：_____　姓名：_____　学号：_____　实验日期：_____

1. 填写表 6.8-1.

表 6.8-1　测量数据

光线	序号	$k=-1$ 光谱位置		$k=+1$ 光谱位置		衍射角		$d/\mu m$	λ/nm
		$\varphi_{(-1L)}$	$\varphi_{(-1R)}$	$\varphi_{(+1L)}$	$\varphi_{(+1R)}$	θ	$\bar{\theta}$		
绿	1								546.1
	2								
	3								
蓝									
黄$_1$									
黄$_2$									

2. 请任选一道思考题作答.

评分：_____

教师签字：_____

"实验 6.8　透射光栅测量光波波长"预习报告

班级:_____姓名:_____学号:_____实验日期:_____

实验 6.9　电位差计及应用

电位差计是通过与标准电源(一般为饱和型或不饱和型标准电池)的电压进行比较来测定未知电动势的仪器.它根据补偿法原理,使测量仪器不分流被测电路中的电路,从而可以达到非常高的测量准确度.电位差计被广泛地应用于计量和其他精密测量中.随着科学技术的进步,高内阻、高灵敏度仪表的不断出现,虽然在许多测量场合都可以由新型仪表逐步取代电位差计,但电位差计这一典型的物理实验仪器采用的补偿法原理是一种十分可贵的实验方法和手段.

【实验目的】

1. 学习"补偿法"在实验测量中的应用.
2. 掌握电位差计的工作原理和校正方法.
3. 会用电位差计测量电池的电动势和内阻.
4. 掌握测量电流表的内阻的方法.

【实验仪器】

电位差计实验仪、待测电压源、电阻板、电阻箱、电流表等.

一、电位差计

电位差计实验仪面板图如图 6.9-1 所示.

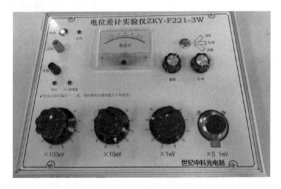

图 6.9-1　电位差计实验仪面板图

模式开关可以在"调零""校准""测量"三种模式间切换.

电压刻度盘有离散("×100 mV""×10 mV""×1 mV")和连续可调("×0.1 mV")两种,需估读连续可调电压刻度.因此,电压刻度盘上的读数范围为 0～999.99 mV,最小分度值为 0.01 mV.在此基础上,内置了"0.1 倍增益"功能,当该指示灯亮表示信号已衰减为实际测量值的 0.1 倍(即实际测量值为刻度盘读数的 10 倍).因此,相应电位差计电压范围为 0～9 999.9 mV.

按下"电源"自锁开关时,工作指示灯亮,表示实验仪工作电源导通;反之,工作指示灯灭,表示实验仪工作电源未导通.

"调零"旋钮用于检流计表头的初始机械调零,即电流为零而指针不指零时的机械零点调节.

"校准"旋钮用于改变工作电流,实现工作电流的校准.

"负压"指示灯亮,表示输入的是负压.

用电位差计测量电压需要经过如下 3 个步骤:

调零:检流计表头在出厂后,无电流时指针可能不指零,需对表头进行初始机械调零.将模式开关扳向"调零",调节"调零"旋钮,使检流计指针指零.注意:虽然称是"机械调零",但本设备通过"调零"旋钮即可实现,请勿使用螺丝刀进行机械调节.

校准:工作电流校准又叫工作电流标准化,是将工作回路中的电流调到设计时的标准值的过程.将模式开关扳向"校准",调节"校准"旋钮,使检流计指针指零.

测量:校准后,保持工作回路中的电流不变,改变接入测量回路的电阻,即调节电压刻度盘示值,使检流计指零.若检流计指针偏向"+"端,表示待测电压值大于刻度值,需增加刻度值.测量时,将所有离散电压刻度调到"0",连续刻度盘调到中间位置.挡位应从大到小依次调节,每挡调节方法相同.这里以"×100 mV"挡为例,逐步增加"×100 mV"挡数字刻度,直至使检流计指向"−"端(说明待测电压值小于该刻度值),然后将数字刻度退 1.接下来依次调节其他挡位,直到检流计指零.最后,观察"0.1 倍增益"指示灯是否亮起:若灯不亮,则待测电压值是每个挡位的数值乘以相应的倍率并相加得到;若灯亮,则待测电压值还应在前者的基础上再乘 10 倍得到.

二、待测电压源

图 6.9-2 待测电压源面板图上包含 4 个未知电压源,可通过按键选择待测电压源,含有工作电源开关及其指示灯,工作电源为 220 V/50 Hz.

图 6.9-2　待测电压源面板图

三、电阻板

包含 5 个阻值已知的标准电阻和 1 个阻值连续可调的电位器(0~10 kΩ).标准电阻的阻值标示在电阻板上对应位置.电位器旋钮向上旋转,阻值增加;反之,阻值减小,如图 6.9-3 所示.

四、电阻箱

通用十进位电阻箱,电阻范围为 0~99 999.9 Ω,最小分度值为 0.1 Ω,如图 6.9-4 所示.

五、电流表

指针式电流表的电流范围为 0~200 μA,分度值为 5 μA,如图 6.9-5 所示.使用电流表测电流前要先校正指针零点,即电流表未接外电路时,若指针未指零,可用一字改刀旋转电流表上的一字凹槽进行机械校零,使指针对齐刻度零位.

图 6.9-3　电阻板

图 6.9-4　电阻箱

图 6.9-5　电流表

【实验原理】

一、补偿法原理

补偿法是一种准确测量电动势(电压)的有效方法,则工作电路如图 6.9-6 所示.

设 E_0 为一连续可调的标准电源电动势(已知电压),而 E_x 为待测电动势.调节 E_0,使检流计 G 指针指零(即回路电流 $I=0$,否则指针将偏离中心),则 $E_x=E_0$.上述过程的实质是不断地用已知标准电动势(电压)与待测的电动势(电压)进行比较,当检流计指示电路中的电流为零时,电路达到平衡补偿状态,此时被测电动势与标准电动势相等,

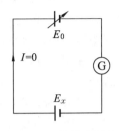

图 6.9-6　补偿法原理

这种方法称为补偿法.这和用一把标准的米尺来与被测物体的长度进行比较,测出其长度的基本思想一样.但其比较判别的手段有所不同,补偿法用示值为零来判定.达到补偿平衡时,测量电路不从被测电路中分电流,相当于内阻无穷大的电压表,测量精度比较高.由图 6.9-6 还可以看出,用补偿法测量时必须区分正负极,待测电压和标准电源正极对连,否则检流计不可能指零.但电动势连续可调的标准电源很难找到,那么怎样才能简单地获得连续可调的标准电动势(电压)呢? 简单的设想是:若一阻值连续可调的滑动电阻上流过一恒定的工作电流,则该电阻两端的电压便可作为连续可调的标准电动势.

二、电位差计原理

电位差计就是一种根据补偿法原理设计的测量电动势(电压)的仪器.图 6.9-7 是一种直流电位差计的原理简图.它由三个基本回路构成:

① 工作回路.由工作电源 E、限流滑动电阻 R_P、校准电阻 R_n 和标准电阻 R_a 组成,R_a 一般是可调的滑动变阻器.

② 校准回路.由标准电源 E_n、检流计 G、校准电阻 R_n 组成.调节 R_P,改变工作回路中的电流,从而决定 R_a 电阻丝单位长度或单位电阻产生的电压降.

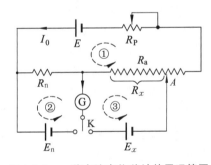

图 6.9-7　一种直流电位差计的原理简图

③ 测量回路.由待测电源 E_x、检流计 G、标准电阻 R_x 组成.

电位差计的使用至少包含以下两个过程:

① "校准".将图 6.9-7 中开关 K 扳向标准电源 E_n 侧.调节 R_P,改变工作回路中电流 I_0,使校准电阻 R_n 两端的电压等于标准电源电压 E_n,回路②中电流等于 0,检流计指零.该过程称为工作电流的校准,此时工作电流 $I_0=E_n/R_n$.校准电流 I_0 后,则电阻 R_a 上单位电阻或单位长度的电压达到系统设计值,如 0.01 mV/Ω 或 0.01 mV/m.

② "测量".将图 6.9-7 中开关扳向待测电压 E_x 侧.保持工作电流 I_0 不变,即 R_P 不变.调节 A 点位置,改变测量回路③中 R_x 的电压,使检流计指针指零,此时待测电压 E_x 与 R_x 两端电压相等,则有

$$E_x=I_0R_x=E_n\frac{R_x}{R_n} \tag{6.9-1}$$

可见,E_x 与 R_x 之间存在线性关系,系数仅与仪器本身有关.在设计仪器时,已经将 R_x 上的

刻度变化转换成电压值,因此,读出的刻度值已经是相应的电压值,最小分度值是 0.01 mV. 刻度调节方式有粗调和细调两种.

三、电池的电动势及内阻

电动势和内阻是电池的两个基本参数.利用电位差计测量电池的电动势和内阻的电路如图 6.9-8 所示,其中 E 和 r 分别表示电池的电动势和内阻,R 为阻值已知的标准电阻,虚线框中的为电位差计.

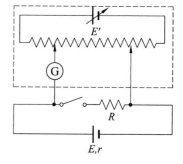

当 R 断开且电位差计指针指零时电位差计测得的电压是电池电动势 E,当 R 接入电路且电位差计指针指零时电位差计测得的电压是 R 的路端电压 U.由欧姆定律,可知

$$U = E \frac{R}{R+r} \tag{6.9-2}$$

图 6.9-8　电池的电动势和内阻的测量示意图

通过测得的 E,U 和阻值已知的 R,可根据上式计算出电池的内阻 r.

四、电流表的内阻及满度电流

常见的磁电式电流表主要由放在永久磁场中的用细漆包线绕制的可以转动的线圈、用来产生机械反力矩的游丝、指示用的指针和永久磁铁组成.当电流通过线圈时,载流线圈在磁场中就产生一磁力矩,使线圈转动,从而带动指针偏转.线圈偏转角度的大小与通过的电流大小成正比,所以可由指针的偏转直接指示出电流值.

电流表允许通过的最大电流称为电流表的量程(或称满度电流),用 I_g 表示,电流表的线圈有一定内阻,用 R_g 表示,I_g 与 R_g 是表示电流表特性的两个重要参数.

常用的测量内阻 R_g 的方法有中值法和替代法.

中值法的测量原理图见图 6.9-9(a).当被测电流表接在电路中时,调节电位器 R_w,使被测电流表的指针满偏,记录标准表读数 I;再用十进位电阻箱 R_D 与被测的电流表并联作为分流电阻,通过改变电阻值 R_D,R_w,使电流表指针指示到中间值,且标准表读数等于 I,此时电阻箱的电阻值就等于电流表的内阻.图 6.9-9(b)所示是用电位差计和标准电阻 R 替换标准表,并根据中值法来测量电流表的内阻的原理图.R 为标准电阻,将被测电流表接在电路中,调节电位器 R_w 和电位差计,使被测电流表的指针满偏,且电位差计指针指零;再用十进位电阻箱 R_D 与被测电流表并联作为分流电阻,保持电位差计的电压旋钮不变,通过改变电阻值 R_D,R_w,使电流表指针指示到中间值,且电位差计指针指零,此时电阻箱的电阻值就等于被测电流表的内阻.

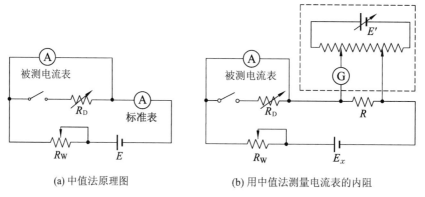

(a) 中值法原理图　　　　　(b) 用中值法测量电流表的内阻

图 6.9-9　中值法

替代法的测量原理图见图 6.9-10(a).当被测电流表接在电路中时,调节电位器 R_w,使被测电流表的指针满偏,记录标准表读数 I;再用十进位电阻箱 R_D 替代被测电流表,改变电阻值 R_D,R_w,使标准表读数等于 I,此时电阻箱的电阻值即为被测电流表的内阻.图 6.9-10(b)所示是用替代法测量电流表的内阻的原理图.R 为标准电阻,被测电流表接在电路中时,调节电位器 R_w 和电位差计,使被测电流表的指针满偏,且电位差计指针指零;用十进位电阻箱 R_D 替代被测电流表,保持电位差计的电压旋钮不变,以及 R_w 不变,通过改变电阻值 R_D,使电位差计指针指零,此时电阻箱的电阻值即为被测电流表的内阻.替代法是一种运用很广的测量方法,具有较高的测量准确度.

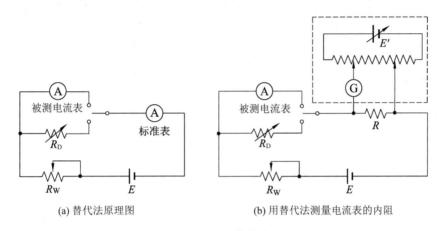

(a) 替代法原理图　　　　　(b) 用替代法测量电流表的内阻

图 6.9-10　替代法

【实验内容及步骤】

实验前给电位差计和待测电压源通电预热至少 10 min.

一、测量电池的电动势及内阻

首先校准电位差计.将电位差计的模式开关扳向"调零",调节"调零"旋钮,使检流计指零.接着将模式开关扳向"校准",调节"校准"旋钮,使检流计指零,完成工作电流的校准.

将电位差计的模式开关扳向"测量",按照图 6.9-8 所示连接好电路(不接入 R),将待测电池接入电位差计的正负极输入端,红色端对应红色端,黑色端对应黑色端.注意正负极勿接反!调节电位差计的电压刻度值盘,使检流计指针指零,并在表 6.9-1 中记录电动势 E.然后在待测电池两端并联一标准电阻 R(可在电阻板上任选一定值电阻),调节电压刻度值盘,使检流计指针指零,并在表 6.9-1 中记录路端电压 U.根据式(6.9-2)计算待测电池的内阻 r.改变 R 的阻值,重复测量并计算电池的内阻,并取平均值作为电池的内阻.

改变待测电池,重复上述步骤.

二、测量电流表的内阻

1. 中值法.

校准电位差计,然后将电位差计的模式开关扳向"测量",R_w 向上旋至最大阻值后按照图 6.9-9(b)所示连接好电路(E 可选择从四个电压源中任选其一).未接入电阻箱 R_D 时,调节电位器 R_w,使电流表指针满偏,然后保持 R_w 不变,调节电位差计的电压刻度值盘,使检流计指针指零,记录此时电位差计上显示的满度电流对应的电压 U_R.接入电阻箱 R_D,通过

调节 R_D，R_W，使电流计指针指示到中间值，且电位差计指针指零，记录此时电阻箱的电阻值，该值就等于被测电流表的内阻.重复以上步骤测量 5 次，将测量数据填入表 6.9-2 中，取平均值.

2. 替代法.

校准电位差计，然后将电位差计的模式开关扳向"测量"，将 R_W 向上旋至最大阻值后按照图 6.9-10(b)所示连接好电路（E 的选择与中值法保持一致）.未接入电阻箱 R_D 时，调节电位器 R_W，使电流表指针满偏，然后保持 R_W 不变，调节电位差计的电压刻度值盘，使检流计指针指零，记录此时电位差计上显示的满度电流对应的电压 U_R.用电阻箱替代电流表，保持电位差计的电压旋钮不变以及 R_W 不变，通过调节 R_D，使电位差计指针指零，记录此时电阻箱的电阻值，该值就等于被测电流计的内阻.重复以上步骤测量 5 次，将测量数据填入表 6.9-2 中，取平均值.

【思考题】

1. 为何要进行工作电流标准化调节？

2. 实验中如发现检流计总偏向某一侧，无法调到平衡，试分析其可能由哪几种原因造成？

3. 电位差计的灵敏度受哪些因素的影响？

【数据记录及处理】

实验 6.9　电位差计及应用

班级：_____　姓名：_____　学号：_____　实验日期：_____

1. 请填写表 6.9-1、表 6.9-2 并处理数据.

表 6.9-1　测量未知电源的电动势及内阻

	电动势 E_1/mV	外接标准电阻 R/kΩ	路端电压 U_1/mV	内阻 r_1/kΩ	内阻 r_1 平均值/kΩ
未知电压源 1		160			
		68			
		36			
		24			
		3.9			
	电动势 E_2/mV	外接标准电阻 R/kΩ	路端电压 U_2/mV	内阻 r_2/kΩ	内阻 r_2 平均值/kΩ
未知电压源 2		160			
		68			
		36			
		24			
		3.9			
	电动势 E_3/mV	外接标准电阻 R/kΩ	路端电压 U_3/mV	内阻 r_3/kΩ	内阻 r_3 平均值/kΩ
未知电压源 3		160			
		68			
		36			
		24			
		3.9			
	电动势 E_4/mV	外接标准电阻 R/kΩ	路端电压 U_4/mV	内阻 r_4/kΩ	内阻 r_4 平均值/kΩ
未知电压源 4		160			
		68			
		36			
		24			
		3.9			

表 6.9-2　测量电流表的内阻

电压源电动势 E（数值从表 6.9-1 得到）：_____　　　　标准电阻 R：_____

次数	1	2	3	4	5	6	平均值
满度时的 U_R/mV							
中值法 R_g/Ω							
替代法 R_g/Ω							

2. 请任选一道思考题作答：

评分：_____

教师签字：_____

"实验 6.9　电位差计及应用"预习报告

班级：_____姓名：_____学号：_____实验日期：_____

实验 6.10　*RLC* 串联谐振电路的参数测量

当电路中激励频率与电路固有频率相等时,电路中电磁振荡振幅达到峰值,这种现象称为谐振.串联谐振电路是电子电气电路中最重要的电路之一,被广泛应用在各种电路中(如交流电源滤波电路、噪声滤波电路、电视调谐电路中).

【实验目的】

1. 掌握 *RLC* 串联电路的谐振特性.
2. 学会确定 *RLC* 串联电路的谐振频率.
3. 知道通频带的含义,了解品质因数 *Q* 对带宽的影响.

【实验仪器】

一、仪器主要组成和技术参数

综合考虑了诸多因素之后,将 *RLC* 串联电路谐振频率设计在 2 322 Hz 附近,并依此设定电容、电感主值参数.这种做法既可以充分展示各交流元器件的交流特性,又能避免因频率过高而产生的复杂效应,还能让信号源的开路输出电压在实验涉及的频段相对稳定.

图 6.10-1 展示了部分实验器材的实物图.

图 6.10-1　部分实验器材的实物图

本次实验中需要用到的实验器材有:

电阻 3 个:$R_1 = 100.0\ \Omega$,$R_2 = 200.0\ \Omega$,$R_3 = 500.0\ \Omega$,电阻值准确度为 0.1%[在温度 (20±15) ℃ 和频率小于 100 kHz 条件下,电阻交直流差<0.1%].

电感 1 个:$L = 1.000 \times 10^{-1}$ H,准确度为 0.2%(2 kHz 测试频率下准确度为 0.1%,1 000~3 000 Hz 频率范围内准确度为 0.2%),电阻 $R_L = 20 \sim 25\ \Omega$(2~3 kHz 范围),具体情况详见产品铭牌参数.

电容 1 个:$C = 4.70 \times 10^{-8}$ F,准确度 0.2%[2 kHz 测试频率下,温度(20±2) ℃],介质损耗等效电阻 $R_C = 0$.

RLC 串联谐振组合开关 1 个、被测电容 1 个、被测电感 1 个.

信号源:频率可调范围为 20.000 ~20 000.000 Hz,输出阻抗 50 Ω,稳定性优于 50 ppm(50%).

交流数字毫伏表:量程为 0.1~10.000 mV,满量程准确度为 0.5% (1 000~5 000 Hz).

导线若干.

二、信号源和交流毫伏表操作说明

图 6.10-2 为信号源和交流毫伏表面板图.仪器集信号源和交流毫伏表测量于一体,用于提供 *RLC* 谐振电路工作所需频率信号源及测量各参数点的交流电压有效值.

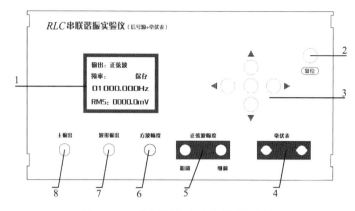

图 6.10-2　信号源和交流毫伏表面板图

1. 液晶显示屏：显示输出波形种类（正弦波／方波）、频率、交流毫伏表显示值 RMS.

2. 复位：恢复到仪器开机界面.

3. 功能键：分为上、下、左、右键和中间的确认键，主要用于切换波形种类、设置波形信号频率及对当前的频率参数进行保存（下次开机将自动设置为保存的频率）.

4. 毫伏表：毫伏表输入接口，用于测量外部输入正弦波信号的电压有效值，测量范围为 $0.1 \sim 10\,000$ mV，自动切换量程显示.

5. 正弦波幅度：用于调节正弦波输出幅度，有"粗调"和"细调"两种方式，有效值可调范围为 $0 \sim 2$ V.

6. 方波幅度：用于调节方波信号的幅度.

7. 波形输出：主输出的同步输出，主要用于观察信号波形.

8. 主输出：测试用功率信号输出端，输出阻抗为 50 Ω.

三、RLC 串联谐振组合开关操作说明

图 6.10-3 为 RLC 串联谐振组合开关面板图.拨动面板开关 K_P 实现信号源、电阻、电感、电容、电感与电容串联及伏特表之间的双刀通断.双刀单掷开关 K_V 用来控制伏特表的接通与悬空.例如，当 K_P 拨向"P1-1"且 K_V 拨向"通"时，伏特表"P1"接口与信号源"P1-1"接口对应连通，用于测量信号源两端的电压.双刀单掷开关 K_U 用于控制信号源 S 与 RLC 串联回路的双刀通断，并以此实现伏特表对信号源 S 开路输出电压 U 和闭路输出电压 U_S 的测量.

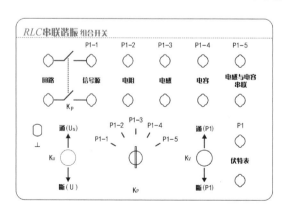

图 6.10-3　RLC 串联谐振组合开关面板图

【实验原理】

RLC 串联谐振实验电路分析图如图 6.10-4 所示.设电路中电阻的阻值为 R,电感的损耗电阻和电感值分别为 R_L 和 L,电容的介质损耗等效电阻和电容值分别为 R_C 和 C,信号源 S 的输出阻抗为 R_s,信号源 S 的角频率 $\omega = 2\pi f$,回路导线电阻为 R_w.

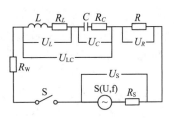

图 6.10-4　RLC 串联谐振
实验电路分析图

分别以 Z、Z_L、Z_C、Z_{LC} 表示 RLC 串联回路、电感、电容、电感与电容串联部分的复阻抗;以 j 表示虚数单位;分别以 $|Z|$、$|Z_L|$、$|Z_C|$、$|Z_{LC}|$ 表示对应各复阻抗的大小;以 I 表示回路电流;分别以 U、U_s、U_R、U_L、U_C、U_{LC} 表示信号源 S 的开路输出电压、信号源 S 的闭路输出电压、电阻分压、电感分压、电容分压、电感与电容串联部分分压.若令

$$R_T = R + R_s + R_L + R_w + R_C \tag{6.10-1}$$

$$R_{LC} = R_L + R_C \tag{6.10-2}$$

$$X_L = \omega L = 2\pi f L \tag{6.10-3}$$

$$X_C = \frac{1}{\omega C} = \frac{1}{2\pi f C} \tag{6.10-4}$$

$$X_{LC} = \omega L - \frac{1}{\omega C} = 2\pi f L - \frac{1}{2\pi f C} \tag{6.10-5}$$

则对整体回路,有

$$I = \frac{U}{|Z|} = \frac{U}{|R_T + jX_{LC}|} = \frac{U}{\sqrt{R_T{}^2 + X_{LC}{}^2}} \tag{6.10-6}$$

因为是串联回路,电路各处电流为同一电流,所以也有

$$I = \frac{U_R}{R} = \frac{U_L}{|Z_L|} = \frac{U_C}{|Z_C|} = \frac{U_{LC}}{|Z_{LC}|} = \frac{U_s}{|Z| - R_s} \tag{6.10-7}$$

除特殊情况外,为便于计算并减少实验数据在计算过程中的误差传递,回路电流均以电阻表达式代入.于是,对电阻、电感、电容,分别有

$$U_R = IR = \frac{UR}{\sqrt{R_T{}^2 + X_{LC}{}^2}} \tag{6.10-8}$$

$$U_L = I|Z_L| = I|R_L + jX_L| = \frac{U_R}{R}\sqrt{R_L{}^2 + X_L{}^2} \tag{6.10-9}$$

$$U_C = I|Z_C| = I|R_C - jX_C| = \frac{U_R}{R}\sqrt{R_C{}^2 + X_C{}^2} \tag{6.10-10}$$

对电感与电容串联部分,有

$$U_{LC} = I|Z_{LC}| = I|R_{LC} + jX_{LC}| = \frac{U_R}{R}\sqrt{R_{LC}{}^2 + X_{LC}{}^2} \tag{6.10-11}$$

对信号源,有

$$U_s = U - \frac{U_R}{R}R_s \tag{6.10-12}$$

RLC 串联电路谐振特性的根源在于 X_{LC} 这个因子.当 $X_{LC} = 0$ 时,回路发生谐振,呈现

各种极值:回路总阻抗$|Z|$现极小值,回路电流值I现极大值,电阻R两端的电压U_R现极大值,信号源S的闭路输出电压U_S现极小值,电感与电容串联部分的阻抗$|Z_{LC}|$现极小值,电感与电容串联部分两端的电压U_{LC}现极小值.

由图 6.10-5 可知,在频率f_0处阻抗Z值最小,且整个电路呈纯电阻性,再结合图 6.10-6 可知,电流I达到最大值i_m,我们称f_0为RLC串联电路的谐振频率(ω_0为谐振角频率).从图 6.10-6 还可知,在$f_1 \sim f_0 \sim f_2$的频率范围内电流I值较大,我们称这个频率范围为通频带BW,$BW = f_2 - f_1$.

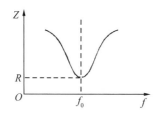 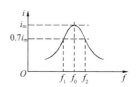

图 6.10-5   *RLC* 串联电路的阻抗特性   图 6.10-6   *RLC* 串联电路的幅频特性

下面我们推导出$f_0(\omega_0)$和另一个重要的参数即品质因数Q.

由式(6.10-5)和式(6.10-6)得知,当$X_{LC} = 0$,即$\omega L = \dfrac{1}{\omega C}$,电路谐振时,此时$I$最大.

$$\omega = \omega_0 = \frac{1}{\sqrt{LC}} \tag{6.10-13}$$

$$f = f_0 = \frac{1}{2\pi\sqrt{LC}} \tag{6.10-14}$$

电感上的电压

$$U_L = i_m|Z_L| = i_m|R_L + jX_L| = \frac{U}{R_T}\sqrt{R_L{}^2 + X_L{}^2} \tag{6.10-15}$$

电容上的电压

$$U_C = i_m|Z_C| = i_m|R_C - jX_C| = \frac{U}{R_T}\sqrt{R_C{}^2 + X_C{}^2} \tag{6.10-16}$$

U_C或U_L与U的比值称为品质因数Q.

取$R_C = 0$,可以证明:

$$Q = \frac{U_L}{U} = \frac{U_C}{U} = \frac{\sqrt{R_L{}^2 + \omega_0{}^2 L^2}}{R_T} = \frac{1}{R_T \omega_0 C} \tag{6.10-17}$$

$$BW = \frac{f_0}{Q} \tag{6.10-18}$$

$$Q = \frac{f_0}{BW} \tag{6.10-19}$$

【实验内容及步骤】

1. 按图 6.10-7 所示电路,将电感、电容、100 Ω 电阻串联(四端接法,接线柱选择 C1 和 C2 端),并将串联开口两端与组合开关(回路)的两接线柱连接;将电路中的U_S(信号源主输出)、U_R、U_L、U_C、U_{LC} 依次与组合开关的信号源 P1-1、电阻 P1-2、电感 P1-3、电容 P1-4、电感与电容串联 P1-5 接线柱对应连接;将毫伏表与组合开关(伏特表 P1)的接线柱连接.

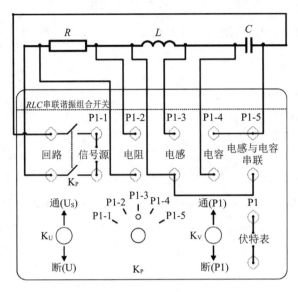

图 6.10-7　实验电路连接示意图

2. 实验调频过程中有可能出现信号源 S 的开路输出电压 U 随其频率 f 的变化而变化的现象.为确保频率 f 为实验过程中的唯一自变量,需要在每个频率点测量并记录信号源 S 的开路输出电压 U.根据 $f = f_0 = \dfrac{1}{2\pi\sqrt{LC}}$,$RLC$ 串联回路的谐振频率将出现在 2 321 Hz 附近.我们据此设计本次实验扫频范围为 1 600~3 000 Hz,并在 2 321 Hz 附近进行细致测量.

3. 参照图 6.10-7,首先将双刀单掷开关 K_U 置于"断"状态,使信号源 S 处于开路状态;然后将波段开关 K_P 置于"P1-1"挡位.将双刀单掷开关 K_V 置于"通"状态.此时伏特表 V 将显示信号源 S 的开路输出电压 U.

4. 将信号源 S 的频率设置为 2 321 Hz,调节信号源 S 的"幅度"旋钮,使其开路输出电压为 1.000 V.在之后的整个实验过程中不再调节该"幅度"旋钮.

5. 开始扫频.当波段开关 K_P 在"P1-1"挡位时,通过拨动双刀单掷开关 K_U 的位置,可以控制信号源 S 与 RLC 串联回路的通断,并以此实现伏特表 V 对信号源 S 的开路输出电压 U 和闭路输出电压 U_S 的测量.当波段开关 K_P 在"P1-2""P1-3""P1-4""P1-5"各挡位时,伏特表 V 将依次显示电阻分压 U_R、电感分压 U_L、电容分压 U_C、电感与电容串联部分的分压 U_{LC} 等实验数据(填入表 6.10-2).根据测量数据,确定 RLC 串联谐振电路的谐振频率 f_0,并与理论值进行比对.

6. 以标准电阻 R 作为基准值,基于谐振点计算信号源内阻 R_S、电感电阻 R_L、电感 L 和电容 C.

7. 将电阻更换为 200 Ω 和 500 Ω,重复测量数据,填入表 6.10-3 与表 6.10-4,并根据测量数据,确定 RLC 串联谐振电路的谐振频率 f_0.

注:表 6.10-1 实验数据是在 $R = 100\ \Omega$、$L = 1.000 \times 10^{-1}$ H、$C = 4.70 \times 10^{-8}$ F 条件下测试.

X_L 和 X_C 实验值按下式计算：

$$X_{L实}=\sqrt{\left(\frac{U_L\times R}{U_R}\right)^2-R_L{}^2}$$

式中，R_L 为电感 L 的交流电阻，随频率的变化而变化.为简化计算，取 $R_L=22\ \Omega$.

$$X_{C实}=\sqrt{\left(\frac{U_C\times R}{U_R}\right)^2-R_C{}^2}$$

取介质损耗等效电阻 $R_C=0$.

X_L 和 X_C 理论值按下式计算：

$$X_{L理}=\omega L=2\pi fL,\quad X_{C理}=\frac{1}{\omega C}=\frac{1}{2\pi fC}$$

$$R=100\ \Omega,\ L=1.000\times10^{-1}\ \mathrm{H},\ C=4.70\times10^{-8}\ \mathrm{F}$$

表 6.10-1 在 $R=100\ \Omega$、$L=1.000\times10^{-1}$ H、$C=4.70\times10^{-8}$ F 条件下的测试数据

	实验原始数据						实验处理数据			
f/Hz	U/mV	U_S/mV	U_R/mV	U_L/mV	U_C/mV	U_{LC}/mV	$X_{L实}$/Ω	$X_{L理}$/Ω	$X_{C实}$/Ω	$X_{C理}$/Ω
1 600	1 000.1	994.4	88.6	896.7	1 895.8	988.9	1 011.84	1 005.31	2 139.73	2 116.42
1 700	1 000.2	992.0	106.1	1 141.5	2 140.0	983.8	1 075.65	1 068.14	2 016.97	1 991.93
1 800	1 000.2	988.1	129.7	1 477.3	2 478.0	975.6	1 138.80	1 130.97	1 910.56	1 881.26
1 900	1 000.2	980.7	163.2	1 961.0	2 963.0	961.1	1 201.39	1 193.81	1 815.56	1 782.25
2 000	1 000.3	966.7	213.8	2 702.0	3 705.0	931.9	1 263.61	1 256.64	1 732.93	1 693.14
2 100	1 000.3	934.7	295.9	3 926.0	4 923.0	864.4	1 326.62	1 319.47	1 663.74	1 612.51
2 200	1 000.3	853.7	432.9	6 002.0	6 864.0	676.3	1 386.29	1 382.30	1 585.59	1 539.22
2 260	1 000.3	767.2	532.5	7 546.0	8 022.0	420.8	1 416.92	1 420.00	1 506.48	1 498.35
2 280	1 000.3	739.7	558.7	7 967.0	8 220.0	306.3	1 425.82	1 432.57	1 471.27	1 485.21
2 300	1 000.3	720.1	575.8	8 262.0	8 257.0	191.3	1 434.70	1 445.13	1 434.00	1 472.29
2 310	1 000.4	715.0	580.1	8 350.0	8 211.0	147.4	1 439.24	1 451.42	1 415.45	1 465.92
2 315	1 000.3	713.8	581.1	8 379.0	8 173.0	134.6	1 441.75	1 454.56	1 406.47	1 462.75
2 316	1 000.3	713.6	581.3	8 382.0	8 163.0	133.1	1 441.77	1 455.19	1 404.27	1 462.12
2 317	1 000.4	713.6	581.3	8 387.0	8 155.0	132.0	1 442.63	1 455.81	1 402.89	1 461.49
2 318	1 000.3	713.5	581.4	8 390.0	8 144.0	131.3	1 442.90	1 456.44	1 400.76	1 460.86
2 319	1 000.4	713.5	581.4	8393.0	8 137.0	131.0	1 443.42	1 457.07	1 399.55	1 460.23
2 320	1 000.4	713.5	581.4	8 395.0	8 126.0	131.0	1 443.76	1 457.70	1 397.66	1 459.60
2 321	1 000.5	713.6	581.3	8 398.0	8 115.0	131.6	1 444.53	1 458.33	1 396.01	1 458.97
2 322	1 000.4	713.6	581.3	8 399.0	8 103.0	132.4	1 444.70	1 458.96	1 393.94	1 458.34
2 323	1 000.5	713.8	581.1	8 400.0	8 092.0	133.9	1 445.37	1 459.58	1 392.53	1 457.72

续表

实验原始数据							实验处理数据			
f/Hz	U/mV	U_S/mV	U_R/mV	U_L/mV	U_C/mV	U_{LC}/mV	$X_{L实}$/Ω	$X_{L理}$/Ω	$X_{C实}$/Ω	$X_{C理}$/Ω
2 324	1 000.4	714.0	581.0	8 401.0	8 080.0	135.3	1 445.79	1 460.21	1 390.71	1 457.09
2 325	1 000.5	714.2	580.8	8 401.0	8 068.0	137.5	1 446.29	1 460.84	1 389.12	1 456.46
2 330	1 000.4	715.7	579.6	8 396.0	8 000.0	152.1	1 448.42	1 463.98	1 380.26	1 453.34
2 340	1 000.5	721.4	574.6	8 354.0	7 841.0	197.8	1 453.71	1 470.27	1 364.60	1 447.13
2 360	1 000.4	740.9	557.2	8 157.0	7 446.0	310.0	1 463.76	1 482.83	1 336.32	1 434.86
2 400	1 000.5	796.1	501.7	7 469.0	6 509.0	515.1	1 488.58	1 507.96	1 297.39	1 410.95
2 500	1 000.4	901.9	357.5	5 564.0	4 464.0	790.8	1 556.21	1 570.80	1 248.67	1 354.51
2 600	1 000.5	947.6	264.6	4 301.0	3 215.0	890.9	1 625.32	1 633.63	1 215.04	1 302.41
2 700	1 000.5	967.8	208.2	3 522.0	2 456.0	933.8	1 691.50	1 696.46	1 179.63	1 254.18
2 800	1 000.5	978.4	171.5	3 016.0	1 962.0	955.5	1 758.46	1 759.29	1 144.02	1 209.38
2 900	1 000.5	984.4	146.0	2 665.0	1 618.5	967.9	1 825.21	1 822.12	1 108.56	1 167.68
3 000	1 000.5	988.3	127.4	2 406.0	1 368.3	975.8	1 888.41	1 884.96	1 074.02	1 128.76

【思考题】

1. 发生串联谐振时,电容上的电压是否和电感上的电压相同?

2. 怎样才能确定某处的频率就是谐振频率?

【数据记录及处理】

实验 6.10　RLC 串联谐振电路的参数测量

班级：_____姓名：_____学号：_____实验日期：_____

1. 当 $R = 100\ \Omega$ 时，填写表 6.10-2.

表 6.10-2　实验数据（一）

f/Hz	U/mV	U_S/mV	U_R/mV	U_L/mV	U_C/mV	U_{LC}/mV

根据测量数据，确定 RLC 串联谐振电路的谐振频率 $f_0 =$ _____.查表 6.10-1，得理论谐振频率 $f_{01} =$ _____.

2. 当 $R = 200\ \Omega$ 时，填写表 6.10-3.

表 6.10-3　实验数据（二）

f/Hz	U/mV	U_S/mV	U_R/mV	U_L/mV	U_C/mV	U_{LC}/mV

根据测量数据，确定 RLC 串联谐振电路的谐振频率 $f_{02} =$ _____.

3. 当 $R = 500$ Ω 时,填写表 6.10-4.

表 6.10-4　实验数据(三)

f/Hz	U/mV	U_S/mV	U_R/mV	U_L/mV	U_C/mV	U_{LC}/mV

根据测量数据,确定 RLC 串联谐振电路的谐振频率 $f_{03} = $ _____.

4. 请任选一道思考题作答.

评分:_____

教师签字:_____

"实验 6.10　*RLC* 串联谐振电路的参数测量"预习报告

班级：_____　姓名：_____　学号：_____　实验日期：_____

实验 6.11　　电子元件伏安特性的测量

电子元件的伏安特性是指通过电子元件的电流与电子元件两端电压的关系.伏安特性是电子元件最基本的电学特性.对电子元件伏安特性的研究在实际应用中比较多,人们只有了解了电子元件的伏安特性,才能正确选用合适的电子元件.

【实验目的】

1. 通过实验描绘电阻及晶体二极管的伏安特性曲线.

2. 了解内接法、外接法,并能够根据已知条件选用合适的电路接线方法,学会分析采用内接法与外接法时的系统误差.

【实验仪器】

直流稳压电源(输出电压 0～30 V,负载电流 0～3 A)、滑动变阻器(0～100 Ω,0～0.2 A)、电流表(内阻约 3Ω)、电压表(内阻约 3 kΩ)、待测电阻两个(一个约 100 Ω,一个约1 000 Ω)、晶体二极管 IN4007、开关、导线若干.

【实验原理】

任何一个二端元件(电阻、二极管等)的伏安特性均可用通过该电子元件的电流(I)与它两端的电压(U)之间的函数关系进行描述.伏安特性中的"伏"指电压,"安"指电流,伏安特性就

图 6.11-1　晶体二极管

是指通过电子元件的电流与电子元件两端电压的关系.通过实验,改变电子元件两端的电压,测得流经电子元件的电流,将所加电压与对应的电流画在同一个坐标系中(纵坐标表示电流 I,横坐标表示电压 U),以此画出的 I-U 图像为该电子元件的伏安特性曲线图.不同电子元件的伏安特性曲线不同.本实验主要探究电阻与晶体二极管(图 6.11-1)的伏安特性.

欧姆定律指出,在温度不变时,通过电阻的电流(I)与它两端的电压(U)成正比,与电阻的阻值(R)成反比,即 $I=\dfrac{U}{R}$.因此电阻的伏安特性曲线是一条通过原点且单调递增的直线(图 6.11-2),斜率为电阻的倒数(电导).伏安特性曲线是一条直线的电子元件(比如电阻)被称为线性元件.晶体二极管的伏安特性曲线是一条曲线(图 6.11-3),这一类电子元件被称为非线性元件.

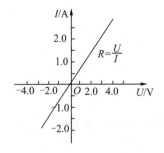

图 6.11-2　电阻的伏安特性曲线

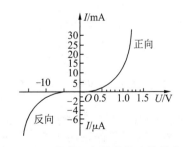

图 6.11-3　晶体二极管的伏安特性曲线

在电子电路中,晶体二极管有两种接入状态.当二极管的正极接在高电位端,负极接在低电位端时,二极管正向导通,这种连接方式为正向偏置;反之,当二极管的正极接在低电位端,负极接在高电位端时,二极管中几乎没有电流通过,二极管处于截止状态,这种连接方式为反向偏置.当二极管反向接入电路中且反向电压增大到某一值时,二极管中的反向电流会急剧增大.此时二极管被反向击穿,失去单方向导电特性,或者说已经被损坏.实验中应当避免发生这种情况.

在实际测量描绘电阻的伏安特性曲线时,因电表的内阻并不是理想情况(电流表内阻不可能为零,电压表内阻不可能无穷大),测得的电阻值与实际阻值会有偏差.我们需要选用合适的电路接线法,并学会分析不同电路下实验所得的电阻与实际电阻的偏差.

图 6.11-4 所示为电流表内接电路.此时电流表测得的电流 I 为通过 R_x 的电流,但电压表测得的电压 U 为待测电阻 R_x 两端电压与电流表两端电压之和,根据欧姆定律 $R = \dfrac{U}{I}$ 计算得到的阻值为待测电阻 R_x 与电流表内阻 R_{mA} 之和, 即 $R = R_x + R_{mA}$.此方法测得的阻值比实际阻值大,适用于电流表内阻远小于待测电阻的情况($R_{mA} \ll R_x$).若电流表内阻与待测电阻相差不是特别大,会引入较大的系统误差.这时我们需对结果进行修正,或者采用其他接线方法进行测量.

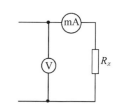

图 6.11-4 电流表内接法

图 6.11-5 所示为电流表外接电路.此时电压表测得的电压为 R_x 两端的电压,但电流表测得的电流为流过 R_x 和电压表电流的总和.根据欧姆定律,有 $\dfrac{U}{I} = \dfrac{R_x R_V}{R_x + R_V}$,此方法测得的阻值比实际阻值小,适用于电压表内阻远大于待测电阻的情况($R_V \gg R_x$).若待测电阻与电压表内阻相差不大,会引入较大的系统误差.这时我们需对结果进行修正,或者采用其他接线方法进行测量.

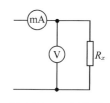

图 6.11-5 电流表外接法

【实验内容及步骤】

1. 分别选用图 6.11-6 或图 6.11-7 所示的电路测量两个待测电阻的伏安特性.

连接电路,调节滑动变阻器,记录电压表、电流表对应的值,填入表 6.11-1、表 6.11-2,画出两个电阻的伏安特性曲线,计算出电阻大小,分析实验所得结果与实际电阻的偏差.

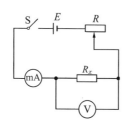

图 6.11-6 电流表外接接线图

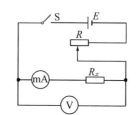

图 6.11-7 电流表内接接线图

2. 按照图 6.11-8 所示连接电路,移动滑动变阻器,读出电流表、电压表读数,填入表 6.11-3,并画出二极管的正向伏安特性曲线.

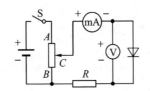

图 6.11-8　二极管正向伏安特性测量实验图

【思考题】

1. 在测量电阻的伏安特性时滑动变阻器的作用是限流还是分压？滑动变阻器的滑片在接入电路中时应当在什么位置？

2. 在测量晶体二极管的伏安特性时滑动变阻器的作用是限流还是分压？滑动变阻器的滑片在接入电路中时应当在什么位置？

3. 如果晶体二极管反向接入电路,需注意什么？如果晶体二极管反向接入电路并且没有注意到这一点,会有什么危险？

【数据记录及处理】

实验 6.11　电子元件伏安特性的测量

班级：_____ 姓名：_____ 学号：_____ 实验日期：_____

1. 100 Ω 电阻伏安特性曲线测绘.

（1）选用电流表____（填写"外"或者"内"）接法.

（2）电压表量程选择_____，电流表量程选择_____.

（3）调节滑动变阻器，将测得的数据填入表 6.11-1.

表 6.11-1　电子元件伏安特性的测量实验数据（一）

U/V								
I/A								

（4）描绘该电阻的伏安特性曲线.

（5）该伏安特性曲线的斜率是_____，所测得的阻值是_____ Ω，比实际阻值_____（填写"大"或者"小"）.

2. 1 000 Ω 电阻伏安特性曲线测绘.

（1）选用电流表_____（填写"外"或者"内"）接法.

（2）电压表量程选择_____，电流表量程选择_____.

(3) 调节滑动变阻器,将测得的数据填入表 6.11-2.

表 6.11-2 电子元件伏安特性的测量实验数据(二)

U/V								
I/A								

（4）描绘该电阻的伏安特性曲线.

（5）该伏安特性曲线的斜率是_____,所测得的阻值是_____ Ω,比实际阻值_____（填写"大"或者"小"）.

3. 晶体二极管正向伏安特性曲线测绘.

（1）选用电流表外接法.

（2）电压表量程选择_____,电流表量程选择_____.

（3）调节滑动变阻器,将测得的数据填入表 6.11-3.

表 6.11-3 电子元件伏安特性的测量实验数据(三)

U/V								
I/A								

（4）描绘该晶体二极管的正向伏安特性曲线.

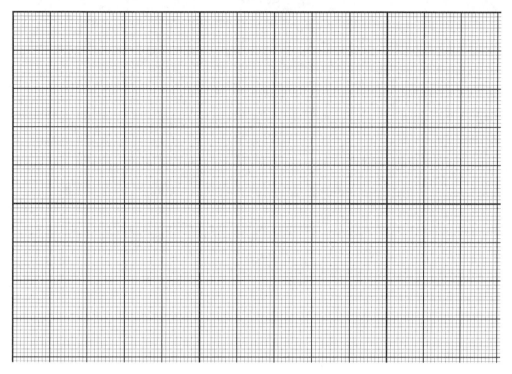

4. 请任选一道思考题作答.

评分：_____

教师签字：_____

"实验 6.11　电子元件伏安特性的测量"预习报告

班级:＿＿＿＿＿姓名:＿＿＿＿＿学号:＿＿＿＿＿实验日期:＿＿＿＿＿

实验 6.12　霍尔效应测量磁感应强度

霍尔效应是导电材料中的电流与磁场相互作用而产生电动势的效应.随着半导体材料和制造工艺的发展,人们利用半导体材料制成霍尔元件.霍尔元件由于它的霍尔效应显著而得到应用和发展.现在人们利用霍尔效应制成测量磁场的磁传感器,其广泛用于电磁测量、非电学量检测、电动控制和计算装置等方面.

在磁场、磁路等磁现象的研究和应用中,霍尔效应及其元件是不可缺少的.利用其观测磁场,直观、干扰小、灵敏度高.本实验利用霍尔效应测量螺线管的磁场.

【实验目的】

1. 了解霍尔效应原理.

2. 测绘霍尔元件的 U_H-B、U_H-I_s 曲线,了解霍尔电势差 U_H 与霍尔元件工作电流 I_s、励磁电流 I 之间的关系,计算霍尔元件的灵敏度 K_H.

3. 利用霍尔效应测量螺线管的磁场分布.

4. 学习用"对称交换测量法"消除负效应产生的系统误差.

【实验仪器】

本套仪器由 ZKY-LS 螺线管磁场实验仪和 ZKY-H/L 霍尔效应螺线管磁场测试仪两大部分组成.

一、ZKY-LS 螺线管磁场实验仪

霍尔元件测量磁场的基本电路如图 6.12-1 所示,将霍尔元件置于待测磁场的相应位置,并使元件平面与磁感应强度 **B** 垂直,在其控制端输入恒定的工作电流 I_s,在霍尔元件的霍尔电势输出端接毫伏表,测量霍尔电势 U_H 的值.

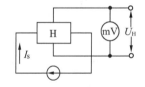

图 6.12-1　霍尔元件测量磁场的基本电路图

实验仪由螺线管、装在霍尔筒内的霍尔元件及引线、两个钮子开关组成,如图 6.12-2 所示.

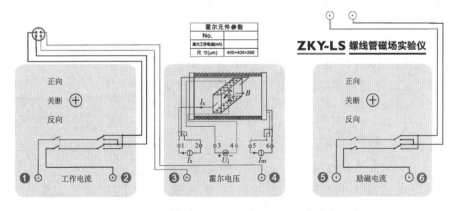

图 6.12-2　ZKY-LS 螺线管磁场实验仪面板图(图中未含螺线管和霍尔筒)

霍尔元件处于霍尔筒中间位置.霍尔筒在螺线管内轴向滑动,滑动范围大于 300 mm.霍尔元件的基本参数用铭牌标明(编号和最大工作电流因仪器不同而不同,故未标出),实验计算时可参考使用.

霍尔电压测量范围为 20.00 mV/200.0 mV,四位数码管显示输入电压值.

两个钮子开关分别对螺线管电流 I、工作电流 I_S 进行通断和换向控制,可消除实验误差.

二、ZKY-H/L 霍尔效应螺线管磁场测试仪

仪器面板如图 6.12-3 所示,分为霍尔元件工作电流 I_S 的输出、调节、显示及工作电压的显示,霍尔电压 U_H 的输入、显示,励磁电流 I 的输出、调节、显示三大部分.

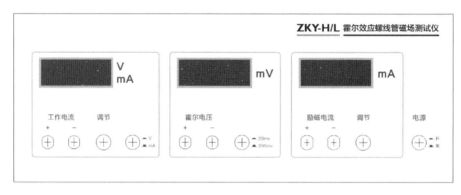

图 6.12-3　ZKY-H/L 霍尔效应螺线管磁场测试仪面板图

"工作电流"输出直流电流,调节范围为 0～10 mA,切换按钮在自然状态时,四位数码管显示输出电流值.长按切换按钮时,数码管显示工作电压值,显示范围为 0～19.99 V."励磁电流"输出直流电流,调节范围为 0～1 000 mA,四位数码管显示输出电流值."霍尔电压"有 20.00 mV、200.0 mV 两挡量程,四位数码管显示输入电压值.

【实验原理】

一、霍尔效应

运动的带电粒子在磁场中受洛伦兹力的作用而偏转.当带电粒子(电子或空穴)被约束在固体材料中时,这种偏转就导致在垂直电流和磁场的方向上产生正负电荷在不同侧的聚积,从而形成附加的横向电场.

如图 6.12-4 所示,磁场 $\boldsymbol{B}$ 位于 z 的正向,与之垂直的半导体薄片上沿 x 正向通以工作电流 I_S.假设载流子为电子(N 型半导体材料),它沿着与电流 I_S 相反的 x 负向运动.

洛伦兹力用矢量式表示为

$$f_m = -e\,\overline{v} \times \boldsymbol{B} \qquad (6.12\text{-}1)$$

式中,e 为电子电量,$\overline{v}$ 为电子运动的平均速度,$\boldsymbol{B}$ 为磁感应强度.

由于洛伦兹力 f_m 的作用,电子即向图中虚线箭头所

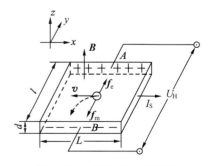

图 6.12-4　霍尔效应原理图

指的位于 y 轴负方向的 B 侧偏转,并使 B 侧形成电子积累,而相对的 A 侧形成正电荷积累.与此同时,运动的电子还受到两种积累的异种电荷形成的反向电场力 f_e 的作用.随着电荷积累量的增加,f_e 增大,当两力大小相等、方向相反时,$f_m=f_e$,则电子积累便达到动态平衡.这时在 A、B 两端面之间建立的电场称为霍尔电场 E_H,相应的电势差称为霍尔电势 U_H.

电场作用于电子的力为

$$f_e=eE_H=\frac{eU_H}{l} \tag{6.12-2}$$

当电子达到动态平衡时,有

$$evB=\frac{eU_H}{l} \tag{6.12-3}$$

设霍尔元件的宽度为 l,厚度为 d,载流子浓度为 n,则霍尔元件的工作电流为

$$I_s=nevld \tag{6.12-4}$$

由式(6.12-3)和式(6.12-4),可得

$$U_H=\frac{1}{ne}\frac{I_sB}{d}=R_H\frac{I_sB}{d} \tag{6.12-5}$$

即霍尔电压 U_H 与 I_s,B 的乘积成正比,与霍尔元件的厚度成反比.比例系数 $R_H=\dfrac{1}{ne}$ 称为霍尔系数,它是反映材料霍尔效应强弱的重要参数.

当霍尔元件的厚度确定时,设

$$K_H=\frac{R_H}{d}=\frac{1}{ned} \tag{6.12-6}$$

则式(6.12-5)可表示为

$$U_H=K_HI_sB \tag{6.12-7}$$

K_H 称为霍尔元件的灵敏度,它表示霍尔元件在单位磁感应强度和单位工作电流下的霍尔电压大小,其单位是 V/(A・T),一般要求 K_H 越大越好.

由于金属的电子浓度 n 很高,所以它的 R_H 或 K_H 都不大,因此它不适宜作霍尔元件.此外,元件厚度 d 越薄,K_H 越高,所以制作时,往往采用减少 d 的办法来增加霍尔元件的灵敏度.

应当注意,当磁感应强度 $\boldsymbol{B}$ 和元件平面法线 $\boldsymbol{n}$ 成一角度 θ 时(图 6.12-5),作用在元件上的有效磁场是其法线方向上的分量 $B\cos\theta$,此时 $U_H=K_HI_sB\cos\theta$.所以一般在使用时应调整元件方位,使 U_H 达到最大,即 $\theta=0$.

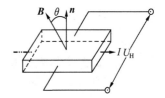

图 6.12-5 磁感应强度与元件平面法线成一定角度

二、螺线管中的磁场

根据毕奥-萨伐尔定律,通电螺线管内部轴线上某点的磁感应强度为

$$B=\frac{\mu_0}{2}nI(\cos\beta_2-\cos\beta_1) \tag{6.12-8}$$

式中,$\mu_0=4\pi\times10^{-7}$ H/m,为真空中的磁导率;n 为螺线管单位长度的匝数;I 为电流强度;β_1 和 β_2 分别表示该点到螺线管两端的连线与轴线之间的夹角,如图 6.12-6 所示.

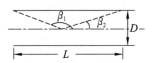

图 6.12-6 通电螺线管内部的磁场强度

在螺线管轴线中央，$-\cos\beta_1 = \cos\beta_2 = \dfrac{L}{(L^2+D^2)^{\frac{1}{2}}}$，式(6.12-8)可表示为

$$B = \mu_0 nI \frac{L}{\sqrt{L^2+D^2}} = \frac{\mu_0 NI}{\sqrt{L^2+D^2}} \tag{6.12-9}$$

式中，N 为螺线管的总匝数，L 为螺线管的长度，D 为螺线管的直径.

如果螺线管"无限长"，即螺线管的长度较螺线管的直径为很大时，式(6.12-8)中的 $\beta_1 \to \pi, \beta_2 \to 0$，有

$$B = \mu_0 nI \tag{6.12-10}$$

这一结果说明，任何绕得很紧密的长螺线管内部沿轴线的磁场是匀强的.由安培环路定理易于证明，无限长螺线管内部非轴线处的磁感应强度也由式(6.12-10)描述.

在无限长螺线管轴线的端口处，$\beta_1 = \dfrac{\pi}{2}, \beta_2 \to 0$，磁感应强度为

$$B = \frac{\mu_0 nI}{2} \tag{6.12-11}$$

即为中心处磁感应强度的一半.

【实验内容及步骤】

一、仪器的连接与预热

将霍尔片接线接头插入仪器面板的对应插座上.

将 ZKY-LS 螺线管磁场实验仪上"工作电流"输入端用连接线接 ZKY-H/L 霍尔效应螺线管磁场测试仪"工作电流"接线柱（红黑各自对应，下同）.

将 ZKY-LS 螺线管磁场实验仪上"霍尔电压"输出端用连接线接 ZKY-H/L 霍尔效应螺线管磁场测试仪"霍尔电压"接线柱.

将 ZKY-LS 螺线管磁场实验仪上"励磁电流"输入端用鱼叉线接 ZKY-H/L 霍尔效应螺线管磁场测试仪"励磁电流"接线柱.

将 ZKY-H/L 霍尔效应螺线管磁场测试仪与 220 V 交流电源接通，开机至少预热 15 min.

二、测量霍尔电压 U_H 与磁感应强度 B 的关系

移动霍尔筒，使霍尔筒中心的霍尔元件处于螺线管中心位置.

将控制工作电流的钮子开关打到"正向"，调节工作电流 $I_S = 6.00$ mA.将控制励磁电流的钮子开关打到"正向"，调节励磁电流 $I = 0, 100$ mA，200 mA，300 mA，并由式(6.12-9)计算出螺线管中央的磁感应强度.分别测量霍尔电压 U_H 值，填入表 6.12-1.为消除副效应对测量结果的影响，对每一测量点都要通过钮子开关改变 I 及 I_S 的方向，取四次测量绝对值的平均值作为测量值.依据测量结果绘出 U_H-B 曲线.

三、测量霍尔电压 U_H 与工作电流 I_S 的关系

移动霍尔筒，使霍尔元件处于螺线管中心位置.

调节励磁电流 I 为 600 mA，调节工作电流 $I_S = 0, 1.00$ mA，2.00 mA，分别测量霍尔电压 U_H 值，填入表 6.12-2.对每一测量点都要通过钮子开关改变 I 及 I_S 的方向.取四次测量绝对值的平均值作为测量值.依据测量结果绘出 U_H-I_S 曲线.

四、计算霍尔元件的灵敏度 K_H

由于 K_H 与载流子浓度 n 成反比,而半导体材料的载流子浓度与温度有关,故 K_H 随温度的变化而变化,使用前应用已知磁场进行标定.

根据式(6.12-7),已知 U_H,I_S 及 B,即可求得 K_H,也可由 U_H-B 或 U_H-I_S 直线的斜率,求得 K_H.进而还可计算载流子浓度 n 等参量.

五、测量螺线管中磁感应强度 B 的大小及分布情况

将霍尔元件置于螺线管中心(此时霍尔筒上标尺与螺线管支架左侧边沿对齐,下标尺与螺线管右侧边沿对齐),调节 $I_S=5.00$ mA,$I=600$ mA,测量相应的 U_H.

将霍尔筒从左侧缓慢移出,直至上标尺的"-150"点刚好处于螺线管支架边沿,记录此时对应的 U_H 值.然后以 -150 mm 刻度起,每隔 50 mm 选一个点,测出相应的 U_H,填入表 6.12-3.

操作注意事项:刻度从 $-260\sim0$ 均在螺线管左侧读数,读数基准为螺线管左边沿;刻度从 $0\sim260$ 则在螺线管右侧读数,读数基准线为螺线管右边沿.

以螺线管中心点为 0 点,左侧位置为负,右侧位置为正.

已知 U_H,K_H 及 I_S 值,由式(6.12-7)计算出各点的磁感应强度,并绘出 B-x 图,显示螺线管内 B 的分布状态.

【注意事项】

1. 霍尔筒的滑动未限定,请在实验要求范围内滑动,取出或超出范围将损坏连接线.

2. 为了不使螺线管过热而受到损害,或影响测量精度,除在短时间内读取有关数据时通以励磁电流外,其余时间必须断开励磁电流开关.

【思考题】

1. 什么是霍尔效应?如何利用霍尔效应测磁感应强度?

2. 表面张力与哪些因素有关?实验中应注意哪些地方才能减少误差?

3. 如何判断磁场 B 的方向与霍尔元件的方向是否一致?若不一致,对实验结果有何影响?

【数据记录及处理】

实验 6.12 霍尔效应测量磁感应强度

姓名：＿＿＿＿＿ 学号：＿＿＿＿＿ 日期：＿＿＿＿＿ 得分：＿＿＿＿＿

1.（1）填写表 6.12-1.

表 6.12-1 测量 U_H-B 关系

$I_s = 6.00$ mA

I/mA	B/(Wb/m²)	V_1/mV $+I, +I_s$	V_2/mV $-I, +I_s$	V_3/mV $-I, -I_s$	V_4/mV $+I, -I_s$	$U_H = \dfrac{|V_1|+|V_2|+|V_3|+|V_4|}{4}$/mV
0						
100						
200						
300						

（2）绘制 U_H-B 曲线.

2.（1）填写表 6.12-2.

表 **6.12-2** 测量 U_H-I_s 关系

$I=600$ mA

$I_s/$ mA	V_1/mV $+I$, $+I_s$	V_2/mV $-I$, $+I_s$	V_3/mV $-I$, $-I_s$	V_4/mV $+I$, $-I_s$	$U_H=\dfrac{\lvert V_1\rvert+\lvert V_2\rvert+\lvert V_3\rvert+\lvert V_4\rvert}{4}$/mV
0					
1.00					
2.00					

（2）绘制 U_H-I_s 曲线.

3.（1）填写表 6.12-3.

表 6.12-3 测量 *B-x* 关系

$I = 600$ mA, $I_s = 5.00$ mA

$x/$ mm	V_1/mV $+I, +I_s$	V_2/mV $-I, +I_s$	V_3/mV $-I, -I_s$	V_4/mV $+I, -I_s$	$U_H = \dfrac{|V_1| + |V_2| + |V_3| + |V_4|}{4}$ /mV	$B/$ mT
−150						
−100						
−50						
0						
50						
100						
150						

（2）绘制 *B-x* 曲线.

4. 请任选一道思考题作答.

评分:_____

教师签字:_____

"实验 6.12　霍尔效应测量磁感应强度"预习报告

班级：_____姓名：_____学号：_____实验日期：_____

附　录

附表 A　国际单位制的基本单位与辅助单位

	量的名称	单位名称	单位符号
基本单位	长度	米	m
	质量	千克(公斤)	kg
	时间	秒	s
	电流	安[培]	A
	热力学温度	开[尔文]	K
	物质的量	摩[尔]	mol
	发光强度	坎[德拉]	cd
辅助单位	平面角	弧度	rad
	立体角	球面度	sr

附表 B　常用物理量常数

真空中的光速	$c = 2.997\,924\,58 \times 10^8 \text{ m} \cdot \text{s}^{-1}$
电子的静止质量	$m_e = 9.109\,534 \times 10^{-31} \text{ kg}$
电子的电荷	$e = 1.602\,177\,33 \times 10^{-19} \text{ C}$
普朗克常量	$h = 6.626\,075\,5 \times 10^{-34} \text{ J} \cdot \text{s}$
阿伏加德罗常数	$N_A = 6.022\,136\,7 \times 10^{23} \text{ mol}^{-1}$
原子质量单位	$u = 1.660\,540\,2 \times 10^{-27} \text{ kg}$
里德伯常量	$R_\infty = 1.097\,373\,153\,4 \times 10^7 \text{ m}^{-1}$
摩尔气体常数	$R = 8.314\,510 \text{ J} \cdot \text{mol}^{-1} \cdot \text{K}^{-1}$
玻耳兹曼常数	$k = 1.380\,658 \times 10^{-23} \text{ J} \cdot \text{K}^{-1}$
引力常量	$G = 6.672 \times 10^{-11} \text{ N} \cdot \text{m}^2 \cdot \text{kg}^{-2}$
标准大气压	$p_0 = 101\,325 \text{ Pa}$
冰点的绝对温度	$T_0 = 273.15 \text{ K}$
标准状态下干燥空气的密度	$\rho_{空气} = 1.293 \text{ kg} \cdot \text{m}^{-3}$
标准状态下水银的密度	$\rho_{水银} = 13\,595.04 \text{ kg} \cdot \text{m}^{-3}$
标准状态下理想气体的摩尔体积	$V_m = 22.413\,83 \times 10^{-3} \text{ m}^3 \cdot \text{mol}^{-1}$